普通高等教育"十三五"规划教材

简明抽象代数

吴宏锋　郭磊磊　编著

机械工业出版社

本书介绍了代数学的基本知识，内容包括预备知识、群、环、域、有限域、多元多项式代数简介等．本书一方面讲解必要的基础知识，同时也力图使读者能够对抽象代数的主要思想方法有所体会，为进一步学习打下良好的基础．本书文字简洁流畅，注重培养学生的逻辑推理能力和抽象思维能力．本书各章末尾都附有相当数量的习题，便于教学与自学．

本书可作为理工科大学、综合性大学和高等师范院校的应用数学、密码学、信息安全等专业的研究生或高年级本科生的抽象代数教材，也可供其他科研工作者参考．

图书在版编目（CIP）数据

简明抽象代数/吴宏锋，郭磊磊编著. —北京：机械工业出版社，2019. 11

普通高等教育"十三五"规划教材

ISBN 978-7-111-63774-5

Ⅰ. ①简… Ⅱ. ①吴… ②郭… Ⅲ. ①抽象代数 – 高等学校 – 教材 Ⅳ. ①O153

中国版本图书馆 CIP 数据核字（2019）第 217151 号

机械工业出版社（北京市百万庄大街 22 号　邮政编码 100037）

策划编辑：汤　嘉　责任编辑：汤　嘉

责任校对：张莎莎　封面设计：张　静

责任印制：郜　敏

北京圣夫亚美印刷有限公司印刷

2020 年 1 月第 1 版第 1 次印刷

169mm×239mm · 6. 25 印张 · 130 千字

标准书号：ISBN 978-7-111-63774-5

定价：19. 80 元

电话服务

客服电话：010 – 88361066

010 – 88379833

010 – 68326294

封底无防伪标均为盗版

网络服务

机 工 官 网：www. cmpbook. com

机 工 官 博：weibo. com/cmp1952

金 书 网：www. golden – book. com

机工教育服务网：www. cmpedu. com

前　　言

　　数学是一个具有不可思议威力的工具，其他学科都以不同的方式在不同的程度上应用它．代数学是数学专业最基本和最重要的基础课程之一，本书介绍了代数学的一些基本理论，内容包括预备知识、群、环、域、有限域、多元多项式代数简介等．本书是在作者多年从事高等院校数学系抽象代数教学的讲稿基础上编撰而成的，主要目的是为一般理工科大学、综合性大学和高等师范院校的应用数学、密码学、信息安全等专业的研究生和高年级本科生提供一本内容精炼、逻辑严谨的抽象代数课程教材．

　　本书的撰写得到了北方工业大学研究生院和北方工业大学"毓优团队培养计划"项目的资助，我们在此表示衷心的感谢．

　　本书的编写参考了国内外许多相关的书籍，我们将它们一一列在本书最后的参考文献中，在此一并致谢．由于编者水平有限，书中难免有疏漏和不当之处，敬请读者批评指正．

编　者

目　录

第1章

预 备 知 识

1. 集合

定义 1.1　使某些确定的能够区分的对象汇合在一起成为一个整体，这一整体就是**集合**. 组成集合的这些对象，称为这一集合的**元素**. 没有任何元素的集合称为空集，记作 $\varnothing$.

设 A 是一个集合，a 是一个对象. 如果 a 是 A 的元素，记作 $a \in A$. 如果 a 不是 A 的元素，记作 $a \notin A$.

定义 1.2　如果集合 A 的每一个元素都是集合 B 的元素，即若 $a \in A$，则 $a \in B$，则称 A 包含于 B 或 B 包含 A，记作 $A \subseteq B$ 或 $B \supseteq A$. 如果 $A \subseteq B$，则称 A 为 B 的子集. 如果 A 是 B 的子集，但 B 不是 A 的子集，则称 A 为 B 的真子集. 如果 $A \subseteq B$ 且 $B \subseteq A$，则称 $A = B$.

定义 1.3　给定集合 X，称 X 中的元素个数为集合 X 的**基数**，记为 $|X|$.

定义 1.4　给定集合 X，称 X 的所有子集构成的集合为 X 的**幂集**，记作 $P(X)$. 集合 X 的幂集的子集称为 X 的子集族.

若 $|X| = n$，则 $|P(X)| = 2^n$.

定义 1.5　设 A 和 B 是两个集合. 集合

$$\{x \mid x \in A \text{ 或 } x \in B\}$$

称为 A 与 B 的并集或并，记作 $A \cup B$. 集合

$$\{x \mid x \in A \text{ 且 } x \in B\}$$

称为 A 与 B 的交集或交，记作 $A \cap B$.

若 $A \cap B = \varnothing$，则称 A 与 B 不相交. 反之，若 $A \cap B \neq \varnothing$，则称 A 与 B 有非空交.

定义 1.6　集合

$$\{x \mid x \in A \text{ 且 } x \notin B\}$$

— 1 —

称为 A 与 B 的差集或差，记作 $A - B$ 或 $A \setminus B$.

定理 1.1　设 A，B，C 都是集合，则以下等式成立：

(1) $A \cup A = A$，$A \cap A = A$；

(2) 交换律 $A \cup B = B \cup A$，$A \cap B = B \cap A$；

(3) 结合律 $(A \cup B) \cup C = A \cup (B \cup C)$，$(A \cap B) \cap C = A \cap (B \cap C)$；

(4) 分配律 $(A \cap B) \cup C = (A \cup C) \cap (B \cup C)$，$(A \cup B) \cap C = (A \cap C) \cup (B \cap C)$；

(5) 德·摩根（De Morgan）律

$$A - (B \cup C) = (A - B) \cap (A - C), A - (B \cap C) = (A - B) \cup (A - C).$$

2. 集合上的关系

设 X，Y 是任意两个集合. 任取 $x \in X$，$y \in Y$，给定顺序的元素对 (x, y) 叫做一个有序对. 两个有序对 (x_1, y_1) 与 (x_2, y_2) 相等当且仅当 $x_1 = x_2$，$y_1 = y_2$. 全体有序对的集合

$$X \times Y \triangleq \{(x, y) \mid x \in X, y \in Y\},$$

叫做 X 和 Y 的笛卡儿积（Cartesian 积）.

当 $|X| = m$，$|Y| = n$ 时，$|X \times Y| = m \times n$.

设 X，Y 是任意两个集合，一个从 X 到 Y 的**关系** R，记为 $R: X \to Y$，定义为 $X \times Y$ 的一个子集. 若 $(x, y) \in R$，则称 x 与 y 有关系 R，记作 xRy 或 $x \sim y$. 若 $(x, y) \notin R$，则称 x 与 y 没有关系 R，记作 $x \not\sim y$.

若 $|X| = m$，$|Y| = n$，则从 X 到 Y 的关系有 2^{mn} 个.

设 R 是 X 到 Y 的一个关系，R 的定义域定义为

$$\{x \in X \mid 存在 y \in Y, 使得 (x, y) \in R\},$$

R 的值域定义为

$$\{y \in Y \mid 存在 x \in X, 使得 (x, y) \in R\}.$$

对于 $x \in X$，x 的像定义为 $R(x) = \{y \in Y \mid (x, y) \in R\}$，故 R 的值域为 $\bigcup_{x \in X} R(x)$. 对于 $y \in Y$，y 的原像定义为 $R^{-1}(y) = \{x \in X \mid (x, y) \in R\}$.

R 的逆或反关系 R^{-1} 定义为 $R^{-1} = \{(y, x) \mid (x, y) \in R\} \subseteq Y \times X$.

如果 $X = Y$，则称 R 是 X 上的一个关系或二元关系. X 上的一个关系，即是 X 上任两个元素之间有或没有的一种属性.

例如实数集合 R 中的小于顺序 $<$ 是 R 上的一个二元关系，空间两直线平行或者不平行也是一个关系.

设 R 是 X 上的一个关系，称 R 是自反的，若对任意的 $x \in X$，有 $(x, x) \in R$；称 R 是对称的，若对任意的 x，$y \in X$，如果 $(x, y) \in R$，那么 $(y, x) \in R$；称 R 是反对称的，若 $(x, y) \in R$ 且 $(y, x) \in R$，则 $x = y$；称 R 是传递的，若对任意的 x，y，$z \in X$，如果 $(x, y) \in R$，

$(y,z) \in R$, 见有 $(x,z) \in R$.

定义1.7 设 R 是集合 X 上的一个关系, 若 R 是自反的, 对称的和传递的, 则称 R 是 X 上的一个**等价关系**. 此时, 若 $(x,y) \in R$, 则称 x 等价于 y.

显然, "平行" 是一个等价关系, "小于关系" 则不是等价关系.

设 R 为 X 上的等价关系. 对任意的 $x \in X$, x 的像 $\bar{x} \triangleq [x] \triangleq \{y \in X \mid (x,y) \in R\}$ 称为 x 的等价类. 若 $b \in \bar{a}$, 则称 b 为等价类 $\bar{a}$ 的一个**代表元**.

定义1.8 若集合 X 的一个子集族 $P = \{X_1, X_2, \cdots, X_k\}$, 满足 $X = \bigcup\limits_{i=1}^{k} X_i$, 且 $X_i \cap X_j = \varnothing$, $i \neq j$, 则称 P 是集合 X 的一个**划分**.

集合 S 的任一等价关系 $\sim$ 确定 S 的一个划分. 这是因为 $a \in \bar{a}$, 所以 $S = \bigcup\limits_{a \in S} \bar{a}$. 若 $\bar{a} \cap \bar{b} \neq \varnothing$ 且 $s \in \bar{a} \cap \bar{b}$, 则 $s \in \bar{a}$, $s \in \bar{b}$, 于是 $a \sim b$, $\bar{a} = \bar{b}$, 即不同的等价类互不相交, 因此所有的等价类构成集合 S 的一个划分.

反之, 集合 S 的一个划分 $\{S_\lambda\}$ 确定一个等价关系如下: 规定
$$a \sim b \Leftrightarrow a, \ b \text{ 属于同一个 } S_\lambda.$$

定义1.9 设 f 是从 X 到 Y 的一个关系, 若 f 满足 $|f(x)| = 1$, $\forall x \in X$, 则称 f 是从 X 到 Y 的一个**映射**. $(x,y) \in f$ 常记作 $y = f(x)$, 称 y 为 x 在 f 下的像, x 为 y 在 f 下的一个原像.

给出几个常用记法. 定义 $\mathrm{Im} f \triangleq \{f(x) \mid x \in X\}$, $f^{-1}(y) \triangleq \{x \in X \mid f(x) = y\}$, $f^{-1}(Y) \triangleq \{x \in X \mid f(x) \in Y\}$, 分别称为 f 的像, y 在 f 下的原像和 Y 在 f 下的原像.

对于映射 f, 若 $x_1 \neq x_2 \Rightarrow f(x_1) \neq f(x_2)$, 则称 f 为**单射**, 若对任意的 $y \in Y$ 都有 $f^{-1}(y) \neq \varnothing$, 则称 f 为**满射**. f 既为单射又为满射则称 f 为**双射**或**一一映射**.

定义1.10 X 到 X 的映射也叫做 X 上的一个**变换**. 将每个元素 $x \in X$ 映到自身的映射 $i_x: X \rightarrow X$ 叫做**单位映射**或**恒等映射**. 两个映射相等, $f = g$, 是指它们有相同的定义域 X 和值域, 且对任意的 $x \in X$, $f(x) = g(x)$.

定义1.11 设 $f: X \rightarrow Y$, $g: Y \rightarrow Z$ 是两个映射, 则 f 与 g 的**复合**(或合成)**映射** $g \circ f$ 定义为
$$g \circ f(x) = g(f(x)), \forall x \in X.$$

如果 $f \circ g = i_Y$, 称 f 为 g 的**左逆**, g 为 f 的**右逆**. 如果 $f \circ g = i_Y$, $g \circ f = i_X$, 则称 g 为 f 的一个逆, 记作 f^{-1}.

若 $|X| = m$, $|Y| = n$, 从 X 到 Y 的映射有 n^m 个. 映射也有下面的一些属性, 读者可自行检验.

性质1.1

(1) f 有左逆当且仅当 f 是单射;

(2) f 有右逆当且仅当 f 是满射;

(3) f 有左逆 g, 同时又有右逆 h, 则 $g = h$;

(4) f 有逆当且仅当 f 是一个一一映射;

(5) 若 f 有逆，则 f 的逆 f^{-1} 是唯一的，且 $(f^{-1})^{-1} = f$.

定理 1.2 设 X，Y 为两个基数相同的有限集，f 为 X 到 Y 的一个映射，则 f 为单射当且仅当 f 为满射.

定义 1.12 设 X，Y 是两个集合，A 是 X 的一个子集. 映射 $f: X \to Y$ 和 $g: A \to Y$ 若满足条件 $g \subset f$，即对于任意的 $a \in A$ 有 $f(a) = g(a)$，则称 g 是 f 的限制，也称 f 是 g 的一个扩张，记作 $g = f|_A$.

定义 1.13 设 X_1，X_2，$\cdots$，X_n 是 $n \geqslant 1$ 个集合，$1 \geqslant i \geqslant n$. 从笛卡儿积

$X = X_1 \times X_2 \times \cdots \times X_n$ 到它的第 i 个坐标集 X_i 的投射 $P_i: X \to X_i$ 定义为对每一个 $\boldsymbol{x} = (x_1, x_2, \cdots, x_n) \in X, p_i(x) = x_i$.

一个集合 S 的等价关系能产生新的集合. 所有等价类的集合，通常记作 S/R，称为 S 关于 R 的商集. 集合 S 到商集 S/R 存在一个自然映射（或典范投影）：

$$p: S \to S/R, \quad x \mapsto \bar{x}.$$

它是一个满射，并且 $p(a) = p(b)$ 当且仅当 $(a, b) \in R$.

设 X，Y 是两个集合，$f: X \to Y$ 是一个映射. 二元关系 R_f 定义为：

$$\forall x_1, x_2 \in X, x_1 R_f x_2 \Leftrightarrow f(x_1) = f(x_2).$$

可检验 R_f 是 X 上的一个等价关系. 对任意的 $x \in X$，$\bar{x} = \{x' \mid f(x') = f(x)\}$. 规定 $\bar{f}(\bar{x}) = f(x)$，则映射 $f: X \to Y$ 诱导一个映射 $\bar{f}: X/R_f \to Y$. 映射 $\bar{f}$ 由

$$\bar{f} \circ p(x) = f(x)$$

确定，其中 p 是自然映射.

设 $f: X \to Y$ 为一映射，$\mathrm{Ker}\, f \triangleq \{(x_1, x_2) \in X \times X \mid f(x_1) = f(x_2)\}$，称为映射 f 的核. 令 A 为一非空集合，R 是 A 上的一个二元关系，则 R 是 A 上的等价关系当且仅当存在集合 A 到某集合 B 上的映射 $f: A \to B$，使得 $R = \mathrm{Ker}\, f$.

设 $f: X \to Y$ 为一映射，则 f 可分解为一满射 $p: X \to X/\mathrm{Ker}\, f$ 和单射

$\bar{f}: X/\mathrm{Ker}\, f \to Y$ 的合成，即 $f = \bar{f} \circ p$.

3. 偏序集合

定义 1.14 设 X 是一个非空集合，P 是定义在 X 上具有自反性、反对称性及传递性的二元关系，则称 $\boldsymbol{P} = (X, P)$ 为一个**偏序集**（poset）. 有时在不引起混淆的情况下，也直接称 X 是一个偏序集. 符合上述性质的关系称为**偏序关系**. 通常用 $x \leqslant y$ 来描述 X 中的元素 x，y 满足偏序集 (X, P) 中 P 所规定的关系，即 $(x, y) \in P$ 记为 $x \leqslant y$，这样偏序集 (X, P) 也可写成 $(X, \leqslant)$. 根据"$\leqslant$"，自然地定义 X 上二元关系"$<$"：$x < y$ 表示 $x \leqslant y$ 且 $x \neq y$.

例 1.1 设 Z^+ 为全体正整数组成的集合. 对于 a，$b \in Z^+$，规定 $a \leqslant b$ 当且仅当 $a \mid b$，

则 Z^+ 是一个偏序集.

例 1.2 设 S 是一个集合，$P(S)$ 为 S 的幂集，对于 A，$B \in P(S)$，规定 $A \leq B$ 当且仅当 $A \subseteq B$，则 $P(S)$ 为一个偏序集. 当 S 是无限集时，令 $P_f(S)$ 表示 S 所有有限子集组成的集合，对于 A，$B \in P_f(S)$，仍如上规定 $A \leq B$，则 $P_f(S)$ 也是一偏序集.

例 1.3 设 V 是域 F 上的一个线性空间，$L(V)$ 为 V 的所有子空间组成的集合，对于 U，$W \in L(V)$，规定 $U \leq W$ 当且仅当 $U \subseteq W$，则 $L(V)$ 是一个偏序集. 当 V 的维数无限时，令 $L_f(V)$ 表示由 V 的所有有限维子空间组成的集合，对于 U，$W \in L_f(V)$，仍如上规定 $U \leq W$，则 $L_f(V)$ 也是一个偏序集.

如果集合 S 上一个偏序 $\leq$ 对于任意的 a，$b \in S$ 恒有 $a \leq b$ 或 $b \leq a$，则 $\leq$ 叫做一个**全序**. 偏序集合的元素 a，b 叫做可比较的，如果 $a \leq b$ 或 $b \leq a$ 有一个成立. 如果一个偏序集 S 的一个子集 A 的任意两个元素都是可比较的，则称 A 为 S 的一个链.

定义 1.15 偏序集的**极小元**是一个元素 a，使得没有异于 a 的元素 x 满足 $x \leq a$，即若有 $x \leq a$，$x \in X$，则必有 $x = a$. 类似地，一个**极大元**是一个元素 b，使得没有异于 b 的元素 y 满足 $b \leq y$.

设 A 为偏序集合 S 的一个子集，元素 $s \in S$ 叫做 A 的一个下界，如果对于所有的 $a \in A$ 都有 $s \leq a$. 元素 $s \in S$ 叫做 A 的一个上界，如果对于所有的 $a \in A$ 都有 $a \leq s$. 如果 A 有一个下界 s 且 $s \in A$，则 s 叫做 A 的一个最小元. 如果 A 有一个上界 s 且 $s \in A$，则 s 叫做 A 的一个最大元. 注意集合 A 可以没有下界或者有多个下界，同样的，A 可以没有最小（大）元. 但若 A 有最小（大）元，则它是唯一的.

下面我们叙述两个重要的等价原理：极大原理和 Zorn 引理.

极大原理 设 T 为由集合 S 的若干子集组成的非空集合，T 按包含关系构成一个偏序集. 如果 T 的每个链都有上界，则 T 有极大元.

Zorn 引理 若一个偏序集 S 的每个链都有上界，则 S 有极大元.

极大原理和 Zorn 引理有很广泛的应用，用它们可以简化很多证明，也可以证明一些其他方法不能证明的结果. 例如，我们可以证明平面上的任何有界区域 D 内皆有极大的开圆盘. 证法如下：令 S 为 D 内所有开圆盘构成的集合，按照包含关系构成一个偏序集合. 由于 D 内至少有一个开圆盘，所以 S 是非空的. 如果一些开圆盘构成的集合 $\{D_i \mid i \in I\}$ 成为一个链，则 $\bigcup_{i \in I} D_i$ 也是 D 的一个开圆盘，且是此链的一个上界. 于是根据 Zorn 引理，有界区域 D 内必有极大的开圆盘.

4. 整数

自然数是指 0，1，2，3，$\cdots$ 之一而言. 整数是指 $\cdots$，-2，-1，0，1，2，$\cdots$，之一而言. 显然，两个整数的和、差、积仍为整数，也即整数集合对加法、减法、乘法运算封闭. 以 **N** 表示由全体非负整数（即自然数）所组成的集合，以 **Z** 表示由全体整数所组成的集合，以 N_+ 表示由全体正整数所组成的集合，即 $N_+ = N - \{0\}$.

归纳公理 设 S 是 N_+ 的一个子集，满足条件：

（1）$1 \in S$；

（2）如果 $n \in S$，则 $n + 1 \in S$. 那么 $S = N_+$.

这个公理是数学归纳法的基础.

定理 1.3（数学归纳法） 设 $P(n)$ 是关于自然数 n 的一个命题. 如果

（1）当 $n = 1$ 时，$P(1)$ 成立，

（2）由 $P(n)$ 成立必可推出 $P(n+1)$ 成立，

那么，$P(n)$ 对所有自然数 $n \in N_+$ 成立.

证 设使 $P(n)$ 成立的所有自然数 n 组成的集合是 S，S 是 N 的子集. 由条件（1）知 $1 \in S$. 由条件（2）知，若 $n \in S$，则 $n + 1 \in S$. 所以由归纳公理知 $S = N$.

由归纳公理还可以推出

最小数原理：设 T 是 N_+ 的一个非空子集. 那么必有 $t_0 \in T$，使得对任意的 $t \in T$ 有 $t_0 \leqslant t$，即 t_0 是 T 中最小的自然数.

证 考虑由所有这样的自然数 s 组成的集合 S：对任意的 $t \in T$ 必有 $s \leqslant t$. 由于 1 满足这样的条件，所以 $1 \in S$，S 非空. 若 $t_1 \in T$，则 $t_1 + 1 > t_1$，所以 $t_1 + 1 \notin S$. 用反证法，由这两点及归纳公理可推出：有 $s_0 \in S$ 使得 $s_0 + 1 \notin S$. 下面来证明必有 $s_0 \in T$. 若不然，则对任意的 $t \in T$，必有 $t > s_0$，因而 $t \geqslant s_0 + 1$. 这表明 $s_0 + 1 \in S$，矛盾. 取 $t_0 = s_0$ 就证明了定理.

设 α 是一个实数，令 $[\alpha]$ 表示不超过 α 的最大整数. 例如

$$[2] = 2, [\sqrt{2}] = 1, [\pi] = 3, [-\pi] = -4.$$

若 $\alpha > 0$，则 $[\alpha]$ 为 α 的整数部分，即有

$$[\alpha] \leqslant \alpha < [\alpha] + 1.$$

若取有理数 $\alpha = \dfrac{a}{b}$，$b > 0$，则有

$$0 \leqslant \frac{a}{b} - \left[\frac{a}{b}\right] < 1,$$

即

$$0 \leqslant a - b\left[\frac{a}{b}\right] < b.$$

立得

$$a = \left[\frac{a}{b}\right]b + r, \ 0 \leqslant r < b.$$

由此得到

定理 1.4 设 a，b 是两个给定的整数，$b \neq 0$. 则存在唯一的一对整数 q，r，使得 $a = qb + r$，$0 \leqslant r < |b|$.

证 只需证唯一性. 若还有整数 q'，r' 满足

$$a = q'b + r', \qquad 0 \leqslant r' < |b|.$$

不妨设 $r' \geqslant r$. 那么 $0 \leqslant r' - r \leqslant |b|$ 且

$$r' - r = (q - q')b.$$

如果 $r' - r > 0$, 则 $q - q' \geqslant 1$, 推出 $r' - r \geqslant |b|$, 这和 $r' - r \leqslant |b|$ 矛盾. 所以必有 $r' = r$, 进而 $q' = q$.

上述定理称为带余除法. 上述定理中的 r 称为 b 除 a 的最小非负剩余. 设 $a > 0$, 任一整数被 a 除后所得的最小非负剩余是 0, 1, $\cdots$, $a - 1$ 这 a 个数中的一个. 若带余除法中 $r = 0$, 则称 a 为 b 的倍数, b 为 a 的因数. 也即若存在一个整数 c, 使得 $a = bc$, 则称 b 整除 a, b 为 a 的因数, a 为 b 的倍数, 记作 $b \mid a$. 若 b 不是 a 的因子, 则记作 $b \nmid a$. 若 $a = bc$, 且 $|b| \neq |a|$, $b \neq 1$, 则称 b 为 a 的真因数. 关于整除性, 显然有下述定理:

定理 1.5 若 $b \neq 0$, $c \neq 0$, 则

(1) 若 $b \mid a$, $c \mid b$, 则 $c \mid a$;

(2) 若 $b \mid a$, 则 $bc \mid ac$;

(3) 若 $c \mid d$, $c \mid e$, 则对任意的整数 m, n, 有 $c \mid dm + en$;

(4) 若 $b \mid a$, 则 $|b| \leqslant |a|$;

(5) 若 b 是 a 的真因数, 则 $1 < |b| < |a|$.

定义 1.16 设 a 和 b 是整数, 若整数 d 满足 $d \mid a$ 且 $d \mid b$, 则称 d 是 a 和 b 的公约数 (或公因子). 设 a 和 b 是不同时为 0 的两个整数, a 和 b 的公约数中的最大的称为 a 和 b 的最大公约数 (或最大公因子), 记为 $\gcd(a, b)$ 或 (a, b). a 和 b 的最大公因子即是满足如下条件的正整数 d:

(1) $d \mid a$ 且 $d \mid b$;

(2) 若 $c \mid a$ 且 $c \mid b$, 则 $c \mid d$.

一般的, 设 a_1, a_2, $\cdots$, a_k 是 k 个整数, 如果 $d \mid a_1$, $\cdots$, $d \mid a_k$, 那么称 d 为 a_1, a_2, $\cdots$, a_k 的公约数. 设 a_1, a_2, $\cdots$, a_k 是 k 个不同时为 0 的整数, 则 a_1, a_2, $\cdots$, a_k 的公约数中最大的称为 a_1, a_2, $\cdots$, a_k 的最大公因子, 记作 $(a_1, a_2, \cdots, a_k)$.

下面的定理表明 $\gcd(a, b)$ 可以写成 a 和 b 的线性组合.

定理 1.6 设 a 和 b 是不同时为 0 的两个整数, 则存在整数 x 和 y 使得

$$d = \gcd(a, b) = ax + by.$$

证 考虑所有线性组合 $au + bv$ 全体构成的集合 S, 其中 u, v 取遍所有整数. 则 S 中存在最小正整数 m, 设 $m = ax + by$. 利用带余除法, 可得

$a = qm + r$, $0 \leqslant r < m$. 若 $r \neq 0$, 那么 $r = a - qm = (1 - qx)a + (-qy)b$. 因此 $r \in S$ 且 $r < m$, 与 m 是最小正整数矛盾. 因此 $r = 0$, $m \mid a$. 同理可得 $m \mid b$, 所以 m 是 a 和 b 的公因子, 于是 $m \leqslant d = \gcd(a, b)$. 又因为 $m = ax + by$, 因此 $d \mid m$, 所以 $m = d$.

定义 1.17 若 $\gcd(a, b) = 1$, 则称整数 a 和 b 互素. 我们说整数 a_1, a_2, $\cdots$, a_k 是两两互素的, 若对任意的 $i \neq j$, 有 a_i 和 a_j 互素. 一般的, 若 $(a_1, a_2, \cdots, a_k) = 1$, 则称 a_1,

a_2, $\cdots$, a_k 是互素的.

定理 1.7 设 a 和 b 是整数, 则 a 和 b 互素当且仅当存在整数 x 和 y 满足

$$ax + by = 1.$$

证 若 a 和 b 互素, 则有 gcd $(a, b) = 1$, 由上述定理知存在整数 x 和 y 使得 $ax + by = 1$. 反之, 设有整数 x 和 y 满足 $ax + by = 1$, 且 $d = \gcd(a,b)$. 则因为 $d \mid a$, $d \mid b$, 所以 $d \mid 1 = ax + by$, 于是 $d = 1$.

一般的, 如果存在整数 x_1, x_2, $\cdots$, x_k 使得 $a_1 x_1 + a_2 x_2 + \cdots + a_k x_k = 1$, 则 a_1, $\cdots$, a_k 是互素的.

定理 1.8 若 $a \mid bc$ 且 $\gcd(a,b) = 1$, 则 $a \mid c$.

证 因为 a 和 b 互素, 所以存在整数 x 和 y 使得 $ax + by = 1$. 在等式两边同时乘以 c, 有 $acx + bcy = c$. 因为 $a \mid ac$, $a \mid bc$, 所以 $a \mid acx + bcy$, 即 $a \mid c$.

定理 1.9 设 a, b, q, r 是整数. $a = qb + r$, $b > 0$, $0 \leqslant r < b$, 则有
$\gcd(a,b) = \gcd(b,r)$.

证 设 $x = \gcd(a,b)$, $y = \gcd(b,r)$. 只需证 $x = y$. 若整数 $c \mid a$, $c \mid b$, 则
$c \mid r = a - bq$, 即 c 也是 r 的因子. 相同讨论可得每个 b 和 r 的公因子也是 a 的因子.

应用带余除法的最重要的形式就是下面的辗转相除法, 也叫做 Euclid 算法, 可以用来求解两个整数的最大公因子.

设 u_0, u_1 是给定的两个整数, $u_1 \neq 0$, $u_1 \nmid u_0$. 我们可以重复应用带余除法, 得到下面 $k + 1$ 个等式:

$$u_0 = q_0 u_1 + u_2, \qquad 0 < u_2 < |u_1|,$$
$$u_1 = q_1 u_2 + u_3, \qquad 0 < u_3 < u_2,$$
$$u_2 = q_2 u_3 + u_4, \qquad 0 < u_4 < u_3,$$
$$\vdots$$
$$u_{j-1} = q_{j-1} u_j + u_{j+1}, \qquad 0 < u_{j+1} < u_j,$$
$$\vdots$$
$$u_{k-2} = q_{k-2} u_{k-1} + u_k, \quad 0 < u_k < u_{k-1},$$
$$u_{k-1} = q_{k-1} u_k + u_{k+1}, \quad 0 < u_{k+1} < u_k,$$
$$u_k = q_k u_{k+1}.$$

则 u_0, u_1 的最大公因子是 q_k.

数论中一个著名的结果是: 若 a 和 b 是随机选出的两个整数, 则 $\gcd(a,b) = 1$ 的概率为 $6/\pi^2 = 0.60793$, 即

$$\mathrm{Prob}[\gcd(a,b) = 1] = 0.6.$$

设整数 $p \neq 0$, ± 1. 如果它除了显然的因数 ± 1, $\pm p$ 外没有其他因数, 则称 p 为素数 (或

质数）. 若 $a \neq 0$，± 1 且 a 不是素数，则 a 称为合数.

当 $p \neq 0$，± 1 时，由于 p 和 $-p$ 必同为素数或合数，所以，以后若无特别说明，素数总是指正的.

定理 1.10 若 a 是合数，则必有素数 $p \mid a$.

证明 由定义知 a 必有因数 $d \geq 2$. 设集合 T 由 a 的所有因数 $d \geq 2$ 组成. 由最小自然数原理知集合 T 中必有最小的自然数，设为 p，则 p 必为素数. 若不然，$p \geq 2$ 是合数，p 有因子 $2 \leq d' < p$，显然 d' 属于 T，这与 p 的最小性矛盾. 证毕.

定理 1.11 素数有无穷多个.

证明 用反证法. 假设只有有限个素数，它们是 p_1，p_2，$\cdots$，p_k. 考虑

$a = p_1 p_2 \cdots p_k + 1$. 显然 $a > 2$. 由定理 1.31 知必有素数 $p \mid a$. 由假设知 p 必等于某个 p_j，因而 $p = p_j$ 一定整除 $a - p_1 p_2 \cdots p_k = 1$，但是素数 $p_j \geq 2$，这是不可能的，矛盾. 因此假设不成立，即素数有无穷多个，证毕.

定义 1.18 设 a，b 是两个非零整数. 如果 $a \mid m$，$b \mid m$，则称 m 是 a 和 b 的公倍数. 一般的，设 a_1，a_2，$\cdots$，a_k 是 k 个均不等于零的整数，如果 $a_1 \mid m$，$a_2 \mid m$，$\cdots$，$a_k \mid m$，则称 m 是 a_1，a_2，$\cdots$，a_k 的公倍数. a_1，a_2，$\cdots$，a_k 的正的公倍数中最小的称为 a_1，a_2，$\cdots$，a_k 的最小公倍数，记作 $[a_1$，a_2，$\cdots$，$a_k]$.

我们总结关于最大公因子和最小公倍数的一些性质，证明留给读者.

定理 1.12

(1) $(a,b) = (b,a) = (-a,b)$. 一般的，
$$(a_1,a_2,\cdots,a_i,\cdots,a_k) = (a_i,a_2,\cdots,a_1,\cdots,a_k) = (-a_1,a_2,\cdots,a_k);$$

(2) 对任意的整数 x，$(a,b) = (a,b,ax)$；

(3) 对任意的整数 x，$(a,b) = (a,b+ax)$；

(4) 若 p 是素数，则
$$(p,a) = \begin{cases} p, & p \mid a, \\ 1, & p \nmid a; \end{cases}$$

(5) 设 $k \geq 3$，那么 $(a_1,\cdots,a_{k-2},a_{k-1},a_k) = (a_1,\cdots,a_{k-2},(a_{k-1},a_k))$；

(6) 设 $m > 0$，则 $(ma_1,\cdots,ma_k) = m(a_1,\cdots,a_k)$；

(7) 若 $(m,a) = 1$，则 $(m,ab) = (m,b)$；

(8) 设正整数 $m \mid (a_1,\cdots,a_k)$，则 $m(a_1/m,\cdots,a_k/m) = (a_1,\cdots,a_k)$；

特别的，有
$$\left(\frac{a_1}{(a_1,\cdots,a_k)}, \cdots, \frac{a_k}{(a_1,\cdots,a_k)} \right) = 1.$$

定理 1.13

(1) $[a,b] = [b,a] = [-a,b]$. 一般的，
$$[a_1,a_2,\cdots,a_i,\cdots,a_k] = [a_i,a_2,\cdots,a_1,\cdots,a_k] = [-a_1,a_2,\cdots,a_k];$$

(2) 对任意的整数 $x \mid a$，$[a, b] = [a, b, x]$；

(3) 对任意的整数 $m > 0$，$[ma_1, \cdots, ma_k] = m[a_1, \cdots, a_k]$；

(4) $a_j \mid c (1 \leq j \leq k)$ 的充要条件是 $[a_1, \cdots, a_k] \mid c$；

(5) 设 $ab \neq 0$，则 $[a, b](a, b) = |ab|$.

例 1.4 设 k 是正整数，求证：$(a^k, b^k) = (a, b)^k$.

证 因为

$$\left(\frac{a}{(a, b)}, \frac{b}{(a, b)}\right) = 1,$$

所以

$$\left(\left(\frac{a}{(a, b)}\right)^k, \left(\frac{b}{(a, b)}\right)^k\right) = 1.$$

因此

$$(a^k, b^k) = (a, b)^k \left(\left(\frac{a}{(a, b)}\right)^k, \left(\frac{b}{(a, b)}\right)^k\right) = (a, b)^k.$$

定理 1.14 设 p 是素数，$p \mid ab$. 那么 $p \mid a$ 或 $p \mid b$ 至少有一个成立. 一般的，若 $p \mid a_1 \cdots a_k$，则 $p \mid a_1$，$\cdots$，$p \mid a_k$ 至少有一个成立.

证 若 $p \nmid a$，则 $(p, a) = 1$. 又 $p \mid ab$，因此 $p \mid b$. 一般情况类似可证

定理 1.15（**算术基本定理**）大于 1 的自然数 n 皆可分解为素数之积，即有素数 p_j，$1 \leq j \leq s$，使得 $n = p_1 p_2 \cdots p_s$. 且在不计次序的意义下，上述分解表达式是唯一的.

证 先证存在性. 若 n 为素数，结论成立. 今设 n 为合数，令 p_1 为其最小的正的真因数，则 p_1 为素数. 令

$$n = p_1 n_1, \quad 1 < n_1 < n.$$

若 n_1 已为素数，则定理得证，否则，令 p_2 为 n_1 的最小素因数，得到

$$n = p_1 p_2 n_2, \quad 1 < n_2 < n_1 < n.$$

不断地做下去，得 $n > n_1 > n_2 > \cdots > 1$. 此种做法不能超过 n 次，故最后必有

$$n = p_1 p_2 \cdots p_s,$$

其中，p_1，p_2，$\cdots$，p_s 皆为素数.

下面来证唯一性. 不妨设 $p_1 \leq p_2 \leq \cdots \leq p_s$. 若还有表达式

$$a = q_1 q_2 \cdots q_r, \quad q_1 \leq q_2 \leq \cdots \leq q_r,$$

$q_i (1 \leq i \leq r)$ 是素数，我们来证明必有 $r = s, p_j = q_j (1 \leq j \leq s)$. 不妨设 $r \geq s$. 利用上面的定理，因为 $q_1 \mid n = p_1 p_2 \cdots p_s$，必有某个 p_j 满足 $q_1 \mid p_j$. 由于 p_j 和 q_1 是素数，所以 $q_1 = p_j$. 同样，由 $p_1 \mid a = q_1 q_2 \cdots q_r$，知必有某个 q_i 满足 $p_1 \mid q_i$，因而 $p_1 = q_i$. 由于 $q_1 \leq q_i = p_1 \leq p_j$，所以 $p_1 = q_1$. 这样，就有

$$q_2 q_3 \cdots q_r = p_2 p_3 \cdots p_s.$$

由同样的论证，依次可得 $q_2 = p_2$，$\cdots$，$q_s = p_s$，$q_{s+1} \cdots q_r = 1$.

上式是不可能的，除非 $r = s$. 证毕.

例如：$150150 = 2^1 \cdot 3^1 \cdot 5^2 \cdot 7^1 \cdot 11^1 \cdot 13^1$.

将定理中的素因数排成

$$n = p_1^{a_1} p_2^{a_2} \cdots p_k^{a_k}, \quad a_1 > 0, \ a_2 > 0, \ \cdots, \ a_k > 0, \ p_1 < p_2 < \cdots < p_k.$$

此式称为 n 的标准分解式. 标准分解式是唯一的.

数论函数是数学和计算机科学中最基本的函数. 这里简述常见的一些数论函数.

定义 1.19 **数论函数**是指定义域为 $\mathbf{Z}^+$ 的函数. 即若一个函数 f 对于一个任意的正整数 n 都唯一对应着一个实值或复值 $f(n)$, 则称这个函数为数论函数（或算术函数）.

定义 1.20 如果数论函数 $f(n)$ 对任意互素的正整数 $(m,n) = 1$, 有 $f(mn) = f(m)f(n)$, 则称 $f(n)$ 具有**积性**, 或称 $f(n)$ 是**积性函数**. 如果 $f(n)$ 对任意的正整数 m, n, 有 $f(mn) = f(m)f(n)$, 则称 $f(n)$ 是**完全积性函数**.

完全积性函数是积性函数. 由积性的定义可知, 一个积性数论函数被它在素数幂上的取值唯一确定:

$$f(n) = f(p_1^{a_1})f(p_2^{a_2}) \cdots f(p_r^{a_r}),$$

这里 n 的素因子分解为 $n = p_1^{a_1} p_2^{a_2} \cdots p_r^{a_r}$（$p_i$ 为素数, a_i 为正整数, $i = 1, 2, \cdots, r$）.

例如, 对于积性数论函数 $f(x)$, 若知道 p 是素数, $m \in \mathbf{N}^+$ 时, $f(p^m) = p^{2m}$, 则对于一切正整数 n, 有 $f(n) = n^2$. 又对任意积性数论函数 $f(n)$, 显然有 $f(1) = 1$.

由定义可证下面的定理:

定理 1.16 设 $f(n)$ 是不恒为零的数论函数, $n = p_1^{a_1} \cdots p_r^{a_r}$, 那么 $f(n)$ 是积性函数的充要条件是 $f(1) = 1$ 且 $f(n) = f(p_1^{a_1}) \cdots f(p_r^{a_r})$;

$f(n)$ 是完全积性函数的充要条件是 $f(1) = 1$ 且 $f(n) = f(p_1)^{a_1} \cdots f(p_r)^{a_r}$.

例 1.5 设 $d(n)$ 表示 n 的正因子个数, 那么 $d(n)$ 是一个积性函数.

例 1.6 Riemann – Zeta 函数定义为

$$\zeta(s) = \sum_{n=1}^{\infty} \frac{1}{n^s}.$$

常值函数 $f: \mathbf{Z}^+ \to 1$ 是一个积性函数. 从而

$$\zeta(s) = \prod_p \left(\sum_{k=0}^{\infty} p^{-ks} \right) = \prod_p \frac{1}{1 - p^{-s}} = \frac{1}{\prod\limits_p (1 - p^{-s})}.$$

定理 1.17 若 f 是积性函数, 且

$$g(n) = \sum_{d \mid n} f(d),$$

其中和式取遍 n 的所有正因子 d, 则 g 也是积性函数.

证 因 f 是积性函数, 若 $(m,n) = 1$, 则

$$g(mn) = \sum_{d \mid m} \sum_{d' \mid n} f(dd') = \sum_{d \mid m} f(d) \sum_{d' \mid n} f(d') = g(m)g(n).$$

定理 1.18 若 f 和 g 都是积性函数, 则

$$F(n) = \sum_{d \mid n} f(d) g\left(\frac{n}{d}\right)$$

也是积性函数.

证 若 $\gcd(m,n)=1$，则 $d \mid mn$ 当且仅当 $d=d_1 d_2$，其中
$d_1 \mid m, d_2 \mid n, (d_1, d_2)=1$ 以及 $(m/d_1, n/d_2)=1$. 因此

$$
\begin{aligned}
F(mn) &= \sum_{d \mid mn} f(d) g\left(\frac{mn}{d}\right) = \sum_{d_1 \mid m} \sum_{d_2 \mid n} f(d_1 d_2) g\left(\frac{mn}{d_1 d_2}\right) \\
&= \sum_{d_1 \mid m} \sum_{d_2 \mid n} f(d_1) f(d_2) g\left(\frac{m}{d_1}\right) g\left(\frac{n}{d_2}\right) \\
&= \left(\sum_{d_1 \mid m} f(d_1) g\left(\frac{m}{d_1}\right)\right) \cdot \left(\sum_{d_2 \mid n} f(d_2) g\left(\frac{n}{d_2}\right)\right) = F(m) F(n).
\end{aligned}
$$

定义 1.21 Möbius 函数是一个积性函数，它在素数幂上有如下定义：

$$
\mu(n) = \begin{cases}
1, & \text{若 } n=1, \\
(-1)^r, & \text{若 } n=p_1 \cdots p_r, p_1, \cdots, p_r \text{ 是两两不同的素数}, \\
0, & \text{其他}.
\end{cases}
$$

由定义立即推出

$$\mu(n_1 n_2) = 0, (n_1, n_2) > 1,$$

所以 μ 不是完全积性函数.

定理 1.19 设 n 是正整数，

$$I(n) \triangleq \sum_{d \mid n} \mu(d) = \left[\frac{1}{n}\right] = \begin{cases} 1, & n=1, \\ 0, & n>1. \end{cases}$$

证 由定理 1.41 知 $I(n)$ 是积性函数，$I(1)=1$，对任意的素数 p

$$I(p^a) = 1 + \mu(p) = 0, a \geq 1.$$

这就证明了所要的结论.

令

$$\mu(s) = \sum_{n=1}^{\infty} \frac{\mu(n)}{n^s},$$

那么

$$\mu(s) = \prod_{p} (1 - p^{-s}).$$

因此 $\mu(s)\zeta(s) = 1$，也即

$$\frac{1}{\zeta(s)} = \sum_{n \geq 1} \frac{\mu(n)}{n^s}.$$

定义 1.22 设 $f(n)$ 是数论函数，定义

$$F(n) = \sum_{d \mid n} f(d),$$

则称 $F(n)$ 是 $f(n)$ 的 **Möbius 变换**，而把 $f(n)$ 称为 $F(n)$ 的 **Möbius 逆变换**.

定理 1.20 设 $f(n)$ 和 $F(n)$ 是数论函数. 那么

$$F(n) = \sum_{d \mid n} f(d)$$

的充要条件是

$$f(n) = \sum_{d \mid n} \mu(d) F\left(\frac{n}{d}\right).$$

证 必要性. 假设 $F(n) = \sum_{d \mid n} f(d)$. 我们有

$$\sum_{d \mid n} \mu(d) F\left(\frac{n}{d}\right) = \sum_{d \mid n} \mu(d) \sum_{k \mid n/d} f(k) = \sum_{k \mid n} f(k) \sum_{d \mid n/k} \mu(d) = f(n).$$

充分性. 假设 $f(n) = \sum_{d \mid n} \mu(d) F\left(\frac{n}{d}\right)$. 那么

$$\sum_{d \mid n} f(d) = \sum_{d \mid n} \sum_{k \mid d} \mu(k) F\left(\frac{d}{k}\right) = \sum_{k \mid n} \mu(k) \sum_{k \mid d, d \mid n} F\left(\frac{d}{k}\right).$$

令 $d = kt$ 得

$$\sum_{d \mid n} f(d) = \sum_{k \mid n} \mu(k) \sum_{t \mid n/k} F(t) = \sum_{t \mid n} F(t) \sum_{k \mid n/t} \mu(k) = F(n).$$

定义 1.23 欧拉函数 $\varphi(n)$ 定义为

$$\varphi(n) = |\{k \mid 1 \leq k \leq n, \gcd(k,n) = 1\}|, n \geq 1,$$

即 $\varphi(n)$ 是不超过 n 且与 n 互素的正整数的个数.

由定义容易算出

$$\varphi(1) = \varphi(2) = 1, \varphi(3) = 2, \varphi(4) = 2, \varphi(5) = 4.$$

设 p 是素数, $m = p^a (a \geq 1)$. 因为 1, 2, $\cdots$, p^a 中与 p^a 不互素的数是那些能被 p 整除的数, 即 p, $2p$, $\cdots$, $p^{a-1} \cdot p$, 共 p^{a-1} 个, 因此

$$\varphi(p^a) = p^a - p^{a-1} = p^a(1 - 1/p).$$

定理 1.21 $\varphi(n)$ 是积性函数. $\varphi(1) = 1$. 设 n 的素因子分解为 $n = \prod_{i=1}^{r} p_i^{a_i}, a_i \geq 1$, 则

$$\varphi(n) = n \prod_{i=1}^{r} \left(1 - \frac{1}{p_i}\right).$$

证 对于正整数 n 及其正因子 d, 设 $A_d = \{k \mid 1 \leq k \leq n, \gcd(k,n) = d\}$, 则

$$|A_d| = |\{k \mid 1 \leq k \leq n, \gcd(k,n) = d\}|$$

$$= \left|\left\{\frac{k}{d} \mid 1 \leq \frac{k}{d} \leq \frac{n}{d}, \gcd\left(\frac{k}{d}, \frac{n}{d}\right) = 1\right\}\right| = \varphi\left(\frac{n}{d}\right).$$

易知 $\{A_d\}_{d \mid n}$ 是 $\{1, 2, \cdots, n\}$ 的一个划分, 故

$$n = \sum_{d \mid n} |A_d| = \sum_{d \mid n} \varphi\left(\frac{n}{d}\right) = \sum_{d \mid n} \varphi(d).$$

利用 Möbius 反演公式, 得到

$$\varphi(n) = \sum_{d \mid n} \mu\left(\frac{n}{d}\right) d = \sum_{d \mid n} \mu(d) \frac{n}{d}.$$

易知 $\varphi(1)=1$. 当 $n\geqslant 2$ 时，n 的素因子分解为 $n=\prod\limits_{i=1}^{r}p_i^{a_i},a_i\geqslant 1$. 若存在 p_i，$1\leqslant i\leqslant r$，使得 $p_i^2\mid d$，则 $\mu(d)=0$. 从而

$$\varphi(n)=\sum_{d\mid n}\mu(d)\frac{n}{d}=\sum_{k=0}^{r}\sum_{\{i_1,i_2,\cdots,i_k\}\subseteq[r]}(-1)^k\frac{n}{\prod\limits_{j=1}^{k}p_{i_j}}=n\prod_{i=1}^{r}\left(1-\frac{1}{p_i}\right).$$

由定理的证明过程得到

定理 1.22 $\sum\limits_{d\mid n}\varphi(d)=n$.

设 x 是大于 1 的正实数. $\pi(x)$ 的定义如下

$$\pi(x)=\sum_{p\leqslant x,p\text{是素数}}1.$$

也就是说，$\pi(x)$ 是小于或等于 x 的素数的个数，称为素数分布函数.

素数定理 $\pi(x)$ 是 $\dfrac{x}{\ln x}$ 的渐近函数，即

$$\lim_{x\to\infty}\frac{\pi(x)}{x/\ln x}=1.$$

素数定理是 Gauss 于 1792 年提出的. 1896 年法国数学家哈达玛（Jacques Hadamard）和比利时数学家普森（Charles Jean de la Vallée-Poussin）先后独立给出证明.

定义 1.24 设 $m\neq 0$. 若 $m\mid a-b$，即 $a-b=km$，则称 a 同余于 b 模 m（或 a 模 m 同余于 b），b 是 a 对模 m 的剩余，记作 $a\equiv b(\bmod m)$，称为模 m 的同余式，或简称同余式. 否则，称 a 不同余于 b 模 m，b 不是 a 对模 m 的剩余，记作 $a\not\equiv b(\bmod m)$.

由于 $m\mid a-b$ 等价于 $-m\mid a-b$，以后总假定模 $m\geqslant 1$. 在同余式中，若 $0\leqslant b<m$，则称 b 是 a 对模 m 的最小非负剩余. 若 $1\leqslant b\leqslant m$，则称 b 是 a 对模 m 的最小正剩余. 若 $-m/2<b\leqslant m/2$（或 $-m/1\leqslant b<m/2$），则称 b 是 a 对模 m 的绝对最小剩余.

显然，

$$a\equiv b(\bmod m),$$

的充要条件是存在一个整数 k 使得

$$a=b+km.$$

或者说 a，b 模 m 同余的充要条件是 a 和 b 被 m 除后所得的最小非负余数相等，即若

$$a=q_1m+r_1,\quad 0\leqslant r_1<m,$$
$$b=q_2m+r_2,\quad 0\leqslant r_2<m.$$

则 $r_1=r_2$.

性质 1.2 同余式可以相加，可以相乘，即若有

$$a\equiv b(\bmod m),\quad c\equiv d(\bmod m),$$

则

$$a + c \equiv b + d \pmod{m}, \quad ac \equiv bd \pmod{m}.$$

性质 1.3 设 $f(x) = a_n x^n + \cdots + a_0, g(x) = b_n x^n + \cdots + b_0$ 是两个整系数多项式，满足 $a_j \equiv b_j \pmod{m}, 0 \le j \le n$. 那么，若 $a \equiv b \pmod{m}$，则

$$f(a) \equiv g(b) \pmod{m}.$$

若 $f(x), g(x)$ 满足性质中的条件，则称多项式 $f(x)$ 模 m 同余于多项式 $g(x)$，记作 $f(x) \equiv g(x) \pmod{m}$.

同余式还具有下面的性质，请读者自证.

性质 1.4

(1) 设 $d \ge 1, d \mid m$，那么若 $a \equiv b \pmod{m}$ 则有 $a \equiv b \pmod{d}$；

(2) 设 $d \ne 0$，那么 $a \equiv b \pmod{m} \Leftrightarrow ad \equiv bd \pmod{|d|m}$；

(3) $ac \equiv bc \pmod{m} \Leftrightarrow a \equiv b \pmod{m/(c,m)}$，特别的，当 $(c, m) = 1$ 时，有 $a \equiv b \pmod{m}$.

同余按其词意来说就是余数相同，同余关系是等价关系.

因此，模 n 同余关系将整数集 $\mathbf{Z}$ 划分成 n 个等价类，称这些等价类为同余类或剩余类. a 模 n 的剩余类，记作 $[a]_n$ 或在不至于混淆的情况下，简记为 $[a]$ 或 $\bar{a}$，是指模 n 且与 a 同余的所有整数的集合，即

$$\bar{a} = [a]_n = \{x \mid x \in \mathbf{Z}, x \equiv a \pmod{n}\} = \{a + kn \mid k \in \mathbf{Z}\}.$$

注意，$a \in [b]_n$ 与 $a \equiv b \pmod{n}$ 表示一样的意思.

例 1.7 在模 2 的剩余类中，$[0]_2$ 是全体偶数的集合，$[1]_2$ 是全体奇数的集合.

定义 1.25 模 n 的所有剩余类的集合通常记作 Z/nZ 或 Z_n，即

$$Z/nZ = \{[a]_n \mid 0 \le a \le n-1\}.$$

或写为

$$Z/nZ = \{\bar{0}, \bar{1}, \cdots, \overline{n-1}\},$$

其中 0 就代表 $\bar{0}_n$，1 代表 $\bar{1}_n$，等. 每一个等价类都用其中的最小非负剩余来表示.

由剩余类的定义，剩余类有下述性质：

性质 1.5 设 n 是一个正整数，则

(1) $[a]_n = [b]_n \Leftrightarrow a \equiv b \pmod{n}$；

(2) 模 n 的两个剩余类或者不相交，或者相等；

(3) 模 n 恰好有 n 个不同的剩余类，分别是 $[0]_n, [1]_n, \cdots, [n-1]_n$，并且它们包含了所有的整数.

定义 1.26 设 n 是正整数，整数集合 $\{a_1, a_2, \cdots, a_n\}$ 称为模 n 的完全剩余系，若该集合恰好包含每个模 n 的剩余类中的一个元素（代表元）.

例 1.8 设 $n = 4$，则 $\{-16, 9, -6, -1\}$ 是模 4 的一个完全剩余系.

设 m 是一个正整数，则

（1）$\{0,1,\cdots,m-1\}$ 是模 m 的一个完全剩余系，叫做模 m 的最小非负完全剩余系；

（2）$\{1,\cdots,m-1,m\}$ 是模 m 的一个完全剩余系，叫做模 m 的最小正完全剩余系；

当 m 为偶数时，

$$-m/2,-(m-2)/2,\cdots,-1,0,1,\cdots,(m-2)/2$$

或

$$-(m-2)/2,\cdots,-1,0,1,\cdots,(m-2)/2,m/2$$

是模 m 的一个完全剩余系. 当 m 是奇数时，

$$-(m-1)/2,\cdots,-1,0,1,\cdots,(m-1)/2$$

是模 m 的一个完全剩余系. 上式两种完全剩余系统称为模 m 的一个绝对最小完全剩余系.

定义 1.27 如果 $(r,m)=1$，模 m 的同余类 $[r]_m$ 称为模 m 的既约（或互素）剩余类. 模 m 的所有既约同余类的个数记作 $\varphi(m)$，通常称为 Euler 函数.

注意，这里 Euler 函数的定义和前面的定义是一致的.

定义 1.28 一组数 $a_1,a_2,\cdots,a_t$ 称为是模 m 的既约剩余系，如果 $(a_j,m)=1,1\leqslant j\leqslant t$，以及对任意的 $a,(a,m)=1$，有且仅有一个 a_j 是 a 对模 m 的剩余，即 $a\equiv a_j(\bmod\ m)$.

假设 $a_1\in[a]_m,a_2\in[a]_m$，那么存在整数 k_1,k_2,r 使得 $a_1=r+k_1m,a_2=r+k_2m$，因此

$$(a_j,m)=(r+k_jm,m)=(r,m),j=1,2.$$

因此，既约同余类的定义是合理的，即不会因为一个同余类中的代表元素 r 取的不同而得到矛盾的结论. 由定义立即推出

若 $m\geqslant 1,(a,m)=1$，则存在 c 使得 $ac\equiv 1(\bmod\ m)$. 我们把 c 称为 a 对模 m 的逆，记作 $a^{-1}(\bmod\ m)$ 或 a^{-1}. 这是因为 $(a,m)=1$，所以存在 x,y 使得 $ax+my=1$，取 $c=x$ 即满足要求.

例 1.9 $801\times 5-154\times 26=1$，因此，$154^{-1}(\bmod\ 801)\equiv -26\equiv 775(\bmod\ 801)$.

定理 1.23（Fermat 小定理） 设 a 是一个正整数，p 是素数. 若 $(a,p)=1$，则

$$a^{p-1}\equiv 1\ (\bmod\ p).$$

证 首先，$a,2a,\cdots,(p-1)a$ 的模 p 的剩余重新排序后，可写为 $1,2,\cdots,p-1$，因为它们中的任意两个都不相等. 所以，将这些数相乘，得到

$$a\cdot 2a\cdots\cdot(p-1)a\equiv 1\cdot 2\cdots\cdot(p-1)(\bmod\ p)\equiv(p-1)!(\bmod\ p).$$

这意味着

$$(p-1)!a^{p-1}\equiv(p-1)!(\bmod\ p).$$

因为 $p\nmid(p-1)!$，所以两边可以消去 $(p-1)!$，定理得证.

Fermat 小定理有一个更一般的形式：

定理 1.24（Fermat 小定理） 设 p 是素数，则对任一整数 a，有

$$a^p\equiv a(\bmod\ p).$$

证明是简单的，如果 $(a,p)=1$，则在 $a^{p-1}\equiv 1(\bmod\ p)$ 两边同时乘以 a. 否则，则 $p\mid a$，自然有 $a^p\equiv a(\bmod\ p)$.

Fermat 小定理能导出一个非常有用的结果：

Fermat 小定理的逆定理：设 n 是一个正奇数，若 $(a,n)=1$ 且
$$a^{n-1} \not\equiv 1 \pmod{n},$$
则 n 是合数.

Fermat 在 1640 年做了一个错误的猜测：所有形如 $F_n = 2^{2^n}+1$ 的数都是素数. 可以证明 F_5 是合数.

$$3^{2^2} = 81 \pmod{2^{32}+1},$$
$$3^{2^3} = 6561 \pmod{2^{32}+1},$$
$$3^{2^4} = 43046721 \pmod{2^{32}+1},$$
$$3^{2^5} = 3793201458 \pmod{2^{32}+1},$$
$$\vdots$$
$$3^{2^{32}} = 3029026160 \pmod{2^{32}+1} \not\equiv 1 \pmod{2^{32}+1},$$

因此，F_5 不是素数. 实际上，$F_5 = 641 \times 6700417$. $F_n = 2^{2^n}+1$ 通常称为 Fermat 数，目前已知的 Fermat 素数只有 F_0，F_1，F_2，F_4.

Euler 在 1760 年给出了以下更一般的结论：

定理 1.25（Euler 定理）　设 a,n 都是正整数，且 $(a,n)=1$，则
$$a^{\varphi(n)} \equiv 1 \pmod{n}.$$

证　设 $r_1,\cdots,r_{\varphi(n)}$ 是一个模 n 的既约剩余系. 则 $ar_1,\cdots,ar_{\varphi(n)}$ 也是一个模 n 的既约剩余系. 因此，有
$$ar_1 \cdot ar_2 \cdots \cdot ar_{\varphi(n)} \equiv r_1 r_2 \cdots r_{\varphi(n)} \pmod{n}.$$
因为 $ar_1,\cdots,ar_{\varphi(n)}$ 是一个既约剩余系，在某个排序下分别与 $r_1,\cdots,r_{\varphi(n)}$ 同余. 因此，
$$a^{\varphi(n)} r_1 r_2 \cdots r_{\varphi(n)} \equiv r_1 r_2 \cdots r_{\varphi(n)} \pmod{n},$$
从而得到 $a^{\varphi(n)} \equiv 1 \pmod{n}$.

定理 1.26（Wilson 定理）　若 p 是素数，则
$$(p-1)! \equiv -1 \pmod{p}.$$

证　$p=2$ 时是显然的. 下面假设 p 是奇数. 对于任意的整数 $a, 0 < a < p$，存在唯一的整数 $a', 0 < a' < p$，使得
$$aa' \equiv 1 \pmod{p}.$$
且若 $a = a'$，则 $a^2 \equiv 1 \pmod{p}$，因此 $a=1$ 或 $a=p-1$. 因此，集合 $\{2,3,\cdots,p-2\}$ 可分成 $(p-3)/2$ 对 a,a'，使得 $aa' \equiv 1 \pmod{p}$，所以
$$2 \cdot 3 \cdots \cdot (p-2) \equiv 1 \pmod{p},$$
从而
$$(p-1)! \equiv -1 \pmod{p}.$$

第1章　习题

1. 设 $A_1,\cdots,A_n$ 都是集合，其中 n 为正整数，求证：

(1) 分配律：$B\cap(\overset{n}{\underset{i=1}{\cup}}A_i)=\overset{n}{\underset{i=1}{\cup}}(B\cap A_i)$，$B\cup(\overset{n}{\underset{i=1}{\cap}}A_i)=\overset{n}{\underset{i=1}{\cap}}(B\cup A_i)$.

(2) 德·摩根（De Morgan）：$B-(\overset{n}{\underset{i=1}{\cup}}A_i)=\overset{n}{\underset{i=1}{\cap}}(B-A_i)$，$B-(\overset{n}{\underset{i=1}{\cap}}A_i)=\overset{n}{\underset{i=1}{\cup}}(B-A_i)$.

2. 举出满足自反性、对称性、传递性三个性质中的两条而不满足其余一条的关系的例子.

3. 实数集合 R 中的一个关系 R 定义为

$$R=\{(x,y)\in R^2\mid x-y\in \mathbf{Z}\}$$

求证：R 是一个等价关系.

4. 设 X，Y 是两个集合，$f:X\to Y$. 如果 $A,B\subset Y$，则

(a) $f^{-1}(A\cup B)=f^{-1}(A)\cup f^{-1}(B)$；

(b) $f^{-1}(A\cap B)=f^{-1}(A)\cap f^{-1}(B)$；

(c) $f^{-1}(A-B)=f^{-1}(A)-f^{-1}(B)$；

5. 设 X 和 Y 是两个集合，$f:X\to Y,g:Y\to X$. 求证：若 $f\circ g=i_Y$，则 g 是一个单射，f 是一个满射.

6. 构造一个从 $[0,1]$ 到 $(0,1)$ 的双射.

7. 设 X,Y 是非空集合. 求证：

(1) 映射 $f:X\to Y$ 是满射当且仅当它满足右消去律，也即对任意两个映射 $g:Y\to Z$ 和 $h:Y\to Z$，如果 $g\circ f=h\circ f$，那么 $g=h$；

(2) 映射 $f:X\to Y$ 是单射当且仅当它满足左消去律，也即对任意两个映射 $g:Z\to X$ 和 $h:Z\to X$，如果 $f\circ g=f\circ h$，那么 $g=h$.

8. 设 A 为一非空集合，Λ 表示 A 上所有变换的集合. 对任意的 f，$g\in\Lambda$，定义 Λ 上的二元关系如下：$(f,g)\in R_1\Leftrightarrow\mid\mathrm{Im}f\mid=\mid\mathrm{Im}g\mid$，$(f,g)\in R_2\Leftrightarrow\mathrm{Im}f=\mathrm{Im}g$，$(f,g)\in R_1\Leftrightarrow\mathrm{Ker}f=\mathrm{Ker}g$，$(f,g)\in R_1\Leftrightarrow(f,g)\in R_2$ 且 $(f,g)\in R_3$. 求证：它们是 Λ 上的等价关系. 进一步，$\mathrm{Ker}f\subseteq\mathrm{Ker}g\Leftrightarrow$存在 $h\in\Lambda$，使得 $h\circ f=g$，$\mathrm{Im}f\subseteq\mathrm{Im}g$ $\Leftrightarrow$存在 $h\in\Lambda$，s.t. $f\circ h=g$，其中 s.t. 是使得（such that）的缩写.

9. 设 X 是一个集合，定义 Δ 使得对于任意的 $x\in X,\Delta(x)=(x,x)$. 求证：Δ 是一个单射，且 $p_i\circ\Delta=i_x$，其中，p_i 是 $X\times X$ 的第 i 个投射，$i=1,2$.

10. 设 X，Y 是两个集合，它们的**积**是一个三元组 (P,p_1,p_2)，其中 P 是一个集合，$p_1:P\to X,p_2:P\to Y$ 是两个映射，且该三元组满足：对任意的一个三元组 (A,f_1,f_2)，其中 A 是一个集合，$f_1:A\to X$ 和 $f_2:A\to Y$ 是两个映射，都存在唯一的一个映射 $g:A\to P$ 使得 $f_1=p_1\circ g$，$f_2=p_2\circ g$. 有时也简称 P 是 X，Y 的积. 求证：对任意的集合 X,Y，它们的积存在且唯一. 此处唯一的含义是如果存在两个积 S 和 T，则存在映射 $f:S\to T,g:T\to S$，使得 $f\circ g=1_T,g\circ f=1_S$.

11. 设 $a\geqslant 2$ 是给定的正整数. 证明：对于任一正整数 n 必有唯一的整数 $k\geqslant 0$，使得 $a^k\geqslant n<a^{k+1}$.

12. 求证：对任意的实数 x 有 $[x]+[x+1/2]=[2x]$.

13. 求证：对任意整数 $n\geqslant 2$ 及实数 x 有 $[x]+[x+1/n]+\cdots+[x+(n-1)/n]=[nx]$.

14. 设 $m>1,m\mid(m-1)!+1$. 求证：m 是素数.

15. 求证：$3k+1$ 形式的素数一定是 $6h+1$ 形式，$3k-1$ 形式的素数一定是 $6h-1$ 形式.

16. 求证：形如 $4k-1$ 或 $6k-1$ 的素数有无穷多个.

17. 利用辗转相除法求 2947 和 3997 的最大公因子.

18. 求满足 $(a,b,c)=10$，$[a,b,c]=100$ 的全部正整数组.

19. 设 $a>b,(a,b)=1$. 求证：$(a^m-b^m,a^n-b^n)=a^{(m,n)}-b^{(m,n)}$.

20. 求证：$\sqrt{2}$，$\sqrt{3}$，$\sqrt{15}$ 都不是有理数．

21. 设整系数多项式 $P(x) = x^n + a_{n-1}x^{n-1} + \cdots + a_1 x + a_0, a_0 \neq 0$. 若 $p(x)$ 有有理根 x_0，则 x_0 必是整数，且 $x_0 \mid a_0$.

22. 设 a, n 都是正整数，求证：$a^n - 1$ 是素数当且仅当 $a = 2$ 和 $n = p$ 是素数．形如 $M_p = 2^p - 1$ 的素数叫做 Mersenne 素数．计算前六个 Mersenne 素数．

23. 求证：$x^5 + 3x^4 + 2x + 1 = 0$ 无有理解．

24. 求证：不定方程 $x^2 + y^2 = z^2$ 的正整数解可表示为
$$x = 2ab, y = a^2 - b^2, z = a^2 + b^2.$$

25. 求证：方程 $x^4 + y^4 = z^2$ 没有整数解．

26. 设 $m > 1$ 证明：$m \mid 2^m - 1$.

27. 求证：$\log_2 10, \log_3 7, \log_{15} 21$ 都是无理数．

28. 求 $20!, 32!$ 的标准因数分解式．

29. 求 $120!$ 的十进制表达式中结尾有多少个 0？

30. 求使得 Euler 函数值 $\varphi(n) = 24$ 的全部正整数 n.

31. 设 $(m, n) = 1$. 求证：$m^{\varphi(n)} + n^{\varphi(m)} \equiv 1 \pmod{mn}$.

32. 设 $m > n \geqslant 1$. 求最小的 $m + n$ 使得
$$1000 \mid 1978^m - 1978^n.$$

33. $\mathbf{N}$ 表示正整数集合，从 n 个不同元素中取出 m 个元素的组合数记作 $\binom{n}{m}$. 设集合 $A = \left\{ \frac{1}{3m+1} \binom{3m+1}{3} \;\middle|\; m \in \mathbf{N}, m > 1 \right\}$，集合 $B = \left\{ \frac{k}{mn+k} \binom{mn+k}{n} \;\middle|\; m, n, k \in \mathbf{N}, m > 1, n > 2, k > 1 \right\}$.

（1）求证：集合 A 中只包含一个素数；

（2）求证：集合 B 中不存在素数．

34. 设 p 是素数，定义勒让德（Legendre）符号如下：
$$\left(\frac{a}{p} \right) = \begin{cases} 1, & \text{若 } a \text{ 是模 } p \text{ 的平方剩余}, \\ 0, & \text{若 } p \mid a, \\ -1, & \text{若 } a \text{ 是模 } p \text{ 的平方非剩余}. \end{cases}$$

求证：当 p 是奇素数时，对任意的整数 a，$\left(\dfrac{a}{p} \right) \equiv a^{(p-1)/2} \pmod{p}$.

35. 设 p 是奇素数，求证：

（1）$\left(\dfrac{1}{p} \right) = 1$，$\left(\dfrac{-1}{p} \right) = (-1)^{(p-1)/2}$；

（2）$\left(\dfrac{2}{p} \right) = (-1)^{\frac{p^2-1}{8}}$；

（3）设 $(a, p) = 1$，则 $\left(\dfrac{a^2}{p} \right) = 1$；

（4）如果 $a \equiv b \pmod{p}$，则 $\left(\dfrac{a}{p} \right) = \left(\dfrac{b}{p} \right)$.

36. （二次互反律）设 p, q 是互素奇素数，求证：
$$\left(\frac{p}{q} \right) \left(\frac{q}{p} \right) = (-1)^{(p-1)(q-1)/4}.$$

第 2 章

群

1. 群和子群

设 A 是一个非空集合，从 $A \times A$ 到 A 的一个映射 f 称为 A 上的一个二元运算，$f(x,y)$ 称为元素 $(x,y) \in A \times A$ 在这个二元运算下的运算结果．一般来说，二元运算经常用符号 $+$ 或 $\cdot$ 表示，使用这些符号，二元运算的结果相应的写作 $x+y$ 或 $x \cdot y$（经常的，忽略 $\cdot$ 而写作 xy）．$+$ 表示的二元运算称为加法，$x+y$ 称为 x 与 y 的和．$\cdot$ 表示的二元运算称为乘法，$x \cdot y$ 或 xy 称为 x 与 y 的积．二元运算有时也称为代数运算．实数域上的加法运算就是一个代数运算．非空集合连同定义在其上的若干代数运算构成一个代数系统．

称 A 上的一个二元运算 $(x,y) \mapsto x \perp y$ 满足**交换律**，如果对任意的 $x,y \in A$，有 $x \perp y = y \perp x$．称 $\perp$ 满足**结合律**，如果对任意的 $x,y,z \in A$，有 $(x \perp y) \perp z = x \perp (y \perp z)$，此时称 $(A, \perp)$ 为一个**半群**．

自然数的加法和乘法是满足结合律和交换律的．实矩阵的乘法不满足交换律．由第 1 章习题 8，非空集合 A 上的所有变换在映射的合成下构成一个半群．

在研究代数系统之间关系时，不仅要考虑作为集合之间的关系．而且要考虑定义在集合上的代数运算．我们常常需要代数系统间一个非常重要的概念：保持代数运算的映射．设集合 A 和集合 B 上都有二元运算，使用同样的符号 $\perp$ 来表示．一个映射 $\varphi : A \to B$ 如果满足 $\varphi(x \perp y) = \varphi(x) \perp \varphi(y)$，对任意的 $(x,y) \in A \times A$，则称 φ 是 A 到 B 的一个同态（homomorphism）或态射（morphism）．

显然单位映射是一个同态，同态的合成也是同态．

设 A 是一个非空集合，$\perp$ 是其上的一个二元运算．我们说 $\perp$ 和 A 上的一个等价关系 R 是相容的，如果 $x \equiv x'(\bmod R), y \equiv y'(\bmod R)$ 意味着 $x \perp y \equiv x' \perp y'(\bmod R)$．此时，可以在 A 的商集 A/R 上定义一个二元运算，映射 x 和 y 的等价类到 $x \perp y$ 的等价类．

设 A 上有一个二元运算 $\perp$. 称 A 的一个元素 e 是**单位元**, 如果对任意的 $x \in A, x \perp e = e \perp x = x$. 单位元如果存在, 则是唯一的. 如果 A 上的二元运算满足结合律且有单位元, 则称 $(A, \perp)$ 是一个**幺半群**（monoid）.

非空集合 X 上所有变换的集合在变换的复合下构成一个幺半群, 单位元是恒等变换. 设 V 是数域 K 上的线性空间, $\mathrm{End}\,V$ 为 V 上线性变换的全体, 则 $\mathrm{End}\,V$ 在变换的乘法下构成幺半群, 其单位元是恒等变换 $\mathrm{id}\,V$.

设 A 上有一个二元运算 $\perp$ 且有单位元 e. a, b 是 A 上的两个元素, 称 a 是 b 的**左逆元**（相应的**右逆元**, **逆元**）, 如果 $a \perp b = e$（相应的 $b \perp a = e$, $a \perp b = b \perp a = e$）.

非空集合 G 上有一个二元运算, 如果它满足结合律, 有单位元, 且每个元素都有逆元, 则称 G 是一个**群**（group）. 换句话说, 群是带有一个二元运算且满足下述关系的非空集合.

定义 2.1 设 G 是一个非空集合. G 上定义了一个代数运算（记作 $\cdot$）, 称为乘法, 如果该乘法运算满足以下条件, 则称 $(G, \cdot)$ 为一个**群**:

（1）对于 G 中的任意元素 a, b, c, 有 $a(bc) = (ab)c$（结合律）;

（2）G 中存在一个元素 e, 对 G 中任意元素 a, 有
$$ae = ea = a;$$

（3）对 G 中任一元素 a, 都存在一个元素 b, 使得
$$ab = ba = e.$$

如果对于任意的 $a, b \in G$, 总有 $ab = ba$, 则称群 G 为**交换群**或 **Abel 群**, 否则称为**非交换群**.

例 2.1 全体非零实数 $\mathbf{R}^{*}$ 对于通常的乘法构成一个交换群. 全体整数对于通常的加法构成一个交换群.

例 2.2 令 $G = \{-1, 1\}$, 且规定乘法运算 $\circ$ 为: $1 \circ 1 = 1, 1 \circ (-1) = -1, (-1) \circ (-1) = 1$, 则 G 是一个交换群.

例 2.3 集合 $\{1, 2, \cdots, n\}$ 上的所有 n 次置换在置换的复合运算下构成一个非交换群, 这个群称为 n 元对称群, 记作 S_n.

例 2.4 元素在数域 K 中的全体 n（n 为正整数）阶可逆矩阵对于矩阵的乘法构成一个非交换群, 记作 $\mathrm{GL}_n(K)$, 称为 n 阶一般线性群. $\mathrm{GL}_n(K)$ 中全体行列式为 1 的矩阵对于矩阵乘法也构成一个群, 称为 n 阶特殊线性群, 记作 $\mathrm{SL}_n(K)$. 显然 $\mathrm{GL}_n(K)$ 和 $\mathrm{SL}_n(K)$ 都不是交换群.

当我们谈论一个群的时候, 指的是一个集合与其上的一个二元运算构成的整体. 但有时为了便利, 会忽略其上的二元运算, 说 G 是一个群. 即不特意地区分作为集合的 G 和作为群的 $(G, \cdot)$.

群 G 的单位元是唯一的. 对于 $a \in G$, 唯一的满足 $ab = ba = e$ 的元素 b 称为 a 的逆元, 记作 a^{-1}, 元素 a 的逆天是唯一的. 如果运算写成加法时, b 的逆元素通常记成 $-b$, 称为 b 的负元. 对于任意的正整数 n, 定义
$$a^n = \underbrace{a \cdot a \cdots a}_{n}$$

再约定 $a^0 = e, a^{-n} = (a^{-1})^n$. 于是对于任意的整数 n, a^n 均有定义. 不难证明, 对于任意的整数 m, n 和任意的 $a \in G$,

$$a^m \cdot a^n = a^{m+n}, \quad (a^m)^n = a^{mn}.$$

群 G 中的元素个数称为群 G 的**阶**, 记作 $|G|$ 或者 $\#G$. 如果 $|G|$ 是一有限数, 则称 G 为**有限群**. 如果 G 中含有无限个元素, 则称 G 为**无限群**. 例 2.1 中的群是无限群, 例 2.2, 例 2.3, 例 2.4 中的群是有限群.

设 G 是群, $a \in G$. 如果存在正整数 n, 使得 $a^n = e$, 则称 a 是有限阶元, 而最小的使得 $a^n = e$ 的正整数 n 叫做 a 的**阶**, 记作 $o(a)$ 或者 $|a|$. 如果不存在正整数 n 使得 $a^n = e$, 则称 a 是无限阶元.

例 2.5 (1) 设 G 是群, $a, b \in G$, 则 $|a| = |a^{-1}|$, $|a| = |bab^{-1}|$, $|ab| = |ba|$.

(2) 正有理数集 $\mathbf{Q}^+$ 关于通常乘法成一无限群, 除了 1, 其余元素都是无限阶元.

(3) 令 $\mu_n = \left\{ e^{\frac{2k\pi}{n}i} \mid k = 0, 1, \cdots, n-1 \right\}$ 是复数域上所有 n 次单位根的集合, μ_n 关于复数乘法构成一个群, 称为 n 次单位根群.

$$G = \bigcup_{i=1}^{\infty} \mu_i,$$

为一无限群, 且每个元素的阶都是有限的.

(4) 设 n 是正整数, 在模 n 的剩余类 $Z/nZ = \{ \overline{0}, \overline{1}, \cdots, \overline{n-1} \}$ 上定义运算 $\overline{a} + \overline{b} \triangleq \overline{a+b}$, 则 Z/hZ 成一 n 阶 Abel 群, 称为模 n 的剩余类加法群.

性质 2.1 设 a 是群 G 中的一个有限阶元且 $|a| = n$. 则

(1) 对于任意的正整数 m, $a^m = e$ 当且仅当 $n \mid m$;

(2) 对于任意的正整数 k, $|a^k| = \dfrac{n}{(k,n)}$, 其中, (k, n) 表示 k 和 n 的最大公因子.

证 (1) 如果 $n \mid m$, 则存在正整数 k 使得 $m = kn$, 于是 $a^m = a^{kn} = (a^n)^k = e^k = e$. 下面来证充分性. 假设 $a^m = e$, m 除以 n 的商为 q, 余数为 r, 即 $m = qn + r$, 其中 $q \geq 0, 0 \leq r < n$. 那么

$$e = a^m = a^{qn+r} = (a^n)^q \cdot a^r = e \cdot a^r = a^r.$$

但是因为 $0 \leq r < n$, 由元素的阶的定义, n 是使得 $a^n = e$ 的最小正整数, 因此 $r = 0$, 所以 $m = qn$, 即 $n \mid m$.

(2) 设 $|a^k| = s$. 令 $n = n_1(k,n), k = k_1(k,n)$, 则 $(n_1, k_1) = 1$. 由于

$$(a^k)^{n_1} = a^{k_1(k,n)n_1} = a^{k_1 n} = (a^n)^{k_1} = e,$$

因此 $s \mid n_1$. 又因 $e = (a^k)^s = a^{ks}$, 所以 $n \mid ks$. 即 $n_1(k,n) \mid k_1(k,n)s$, 所以 $n_1 \mid k_1 s$. 由于 $(n_1, k_1) = 1$, 所以 $n_1 \mid s$, 于是 $s = n_1 = \dfrac{n}{(k,n)}$.

由性质 2.1 的 (1) 可推出: 若 $|G| = n, a \in G$, 则 $|a| \leq n$.

性质 2.2 设群 G 中元素 a, b 的阶分别为 m, n. 如果 $ab = ba$ 且 $(m, n) = 1$, 则 ab 的阶等于 mn.

证 因为 $ab = ba$, 所以

$$(ab)^{mn} = a^{mn}b^{mn} = (a^m)^n (b^n)^m = e.$$

因此 ab 是有限阶元素，设 ab 的阶为 s，则 $s \mid mn$.

由于 $(ab)^s = e$，因此

$$e = (ab)^{sm} = a^{sm}b^{sm} = b^{sm},$$

于是可得 $n \mid sm$. 又因 $(n, m) = 1$，所以 $n \mid s$. 同理可证 $m \mid s$. 又因 $(m, n) = 1$，于是 $nm \mid s$. 这样，$s = mn$.

定义 2.2 群 G 的非空子集 H 如果对于 G 的运算也构成一个群，则称 H 为 G 的**子群**（subgroup），记作 $H \leqslant G$.

在群 G 中，$\{e\}$ 和 G 都是 G 的子群，称为 G 的**平凡子群**，其余的子群称为**非平凡子群**. 不等于 G 的子群也称为**真子群**. $\mathrm{SL}_n(K)$ 是 $\mathrm{GL}_n(K)$ 的非平凡子群.

定理 2.1 群 G 的非空子集 H 是 G 的子群的充要条件为：若 $a, b \in H$ 则 $ab^{-1} \in H$.

证 必要性是显然的，只证充分性. 因 H 非空，所以 H 至少含有一个元素 a，于是

$$aa^{-1} = e \in H.$$

由 $e, a \in H$，可得 $a^{-1} = ea^{-1} \in H$. 设 $a, b \in H$，则 $b^{-1} \in H$，于是

$$a(b^{-1})^{-1} = ab \in H.$$

这表明 H 是一个子群.

设 H 是群 G 的一个子群. 定义一个二元关系如下：对 $a, b \in G$，规定 $a \sim b$ 当且仅当 $b^{-1}a \in H$. 可检验这是一个等价关系，它确定群 G 的一个划分. a 确定的等价类为

$$\bar{a} = \{ah \mid h \in H\}.$$

对 G 中任一元素 a，称集合 $\{ah \mid h \in H\}$ 为 H 的一个**左陪集**，记为 aH. 类似地，对于 $a, b \in G$，规定 $a \sim b$ 当且仅当 $ab^{-1} \in H$，可定义**右陪集**为

$$Ha = \{ha \mid h \in H\}.$$

对单位元，$eH = He = H$. 显然 $h \mapsto ah$ 是子群 H 到左陪集 aH 的一个一一对应，同样的，$h \mapsto ha$ 是子群 H 到右陪集 Ha 的一个一一对应. 因此，H 的任一个左（右）陪集都和 H 有一样的基数. 所有的左（右）陪集构成群 G 的一个划分，任意两个左（右）陪集或者相等，或者不相交，显然 $Ha = Hb \Leftrightarrow ab^{-1} \in H$

群 G 中，子群 H 的所有的左（右）陪集组成的集合称为 G 关于 H 的左（右）商集，易知左商集与右商集有相同的基数. 群 G 关于子群 H 的左商集（或右商集）的基数（不一定有限）称为 H 在 G 中的**指数**（index），记作 $|G : H|$. 如果群 G 的子群 H 在 G 中的指数为 $|G : H| = r$，则存在 $e = a_0, a_1, a_2, \cdots, a_{r-1} \in G$ 使得

$$G = H \cup a_1 H \cup a_2 H \cup \cdots \cup a_{r-1}H,$$

其中，$H, a_1 H, a_2 H, \cdots, a_{r-1}H$ 两两不相交，上式称为群 G 关于子群 H 的左陪集分解式. $\{e = a_0, a_1, a_2, \cdots, a_{r-1}\}$ 称为 H 在群 G 中的左陪集代表系. 由上述分解式，可得

$$|G| = \sum_{i=0}^{r-1} |a_i H| = \sum_{i=0}^{r-1} |H| = |H| r = |H| [G : H].$$

于是有下述重要的 **Lagrange** 定理.

定理 2.2 有限群 G 的子群 H 的阶整除 G 的阶，而且
$$|G| = |H| \cdot |G : H|.$$

设 S 是群 G 的一个非空子集，称 G 中所有包含 S 的子群的交为**由 S 生成的子群**，记作 $\langle S \rangle$，它是 G 中包含 S 的最小子群，称 S 是子群 $\langle S \rangle$ 的**生成元集**或**生成系**. 容易看出 $\langle S \rangle = \{e, a_1 a_2 \cdots a_n \mid a_i \in S \cup S^{-1}, n = 1, 2, \cdots\}$. 如果群 G 有一个生成元集是有限集，则称 G 是**有限生成群**. 如果生成元集是 $\{a_1, a_2, \cdots, a_s\}$，则写 $G = \langle a_1, a_2, \cdots, a_s \rangle$. 由一个元素 a 生成的子群为 $\langle a \rangle = \{a^m \mid m \in \mathbf{Z}\}$. 有限群一定是有限生成群，但有限生成群不一定是有限群，例如 $\mathbf{Z} = \langle 1 \rangle$.

在有限群 G 中，对任意的 $a \in G$，a 的阶是 G 的阶的因子. 这是因为 a 可以生成 G 的一个子群 $<a>$ 且 $|<a>| = o(a)$.

全体整数 $\mathbf{Z}$ 在通常的加法下构成一个交换群 $(\mathbf{Z}, +)$，0 是单位元. $(\mathbf{Z}, +)$ 的所有子群恰为 $n\mathbf{Z} = \{nk \mid k \in \mathbf{Z}\}$，$n \in \mathbf{Z}$. 这是因为，对任意的 $n \in \mathbf{Z}$，$n\mathbf{Z}$ 是一个子群. 反过来，设 $H < \mathbf{Z}$. 则 $0 \in H$，如果 $H = \{0\}$，它是 $H = 0\mathbf{Z}$. 否则，令 n 是 H 中最小的正整数，则 $H = n\mathbf{Z}$. 这是因为若 $a \in H$ 不能被 n 整除，这样可写 $a = nk + r$，$1 \leqslant r \leqslant n - 1$. 因为 H 是子群，所以 $nk = n + n + \cdots + n \in H$，这样 $r = a - nk \in H$，与 n 是 H 中最小的正整数矛盾. 所以每一个 $a \in H$ 都能被 n 整除，即 $H = n\mathbf{Z}$.

设 V 是数域 K 上的 n 维线性空间，则 V 中的加法运算使得 V 成为一个 Abel 群，它的任何子空间都是其子群. V 上可逆线性变换的全体 $GL(V)$ 构成一个群，称为一般线性群. 以 $SL(V)$ 表示 V 上行列式为 1 的线性变换的全体，则 $SL(V) \leqslant GL(V)$，称 $SL(V)$ 为特殊线性群.

如果 V 是 Euclid 空间，则正交变换的全体 $O(V)$ 是 $GL(V)$ 的子群，称为正交群，第一类正交变换的全体 $SO(V)$ 是 $O(V)$ 和 $GL(V)$ 的子群，称为特殊正交群.
如果 V 是酉空间，则酉变换的全体 $U(V)$ 是 $GL(V)$ 的子群，称为酉群. 酉群中元素的行列式的模为 1，其中行列式为 1 的元素的全体 $SU(V)$ 也是 $U(V)$ 和 $GL(V)$ 的子群，称为特殊酉群. 如果 V 上具有非退化反对称双线性函数，则保持该双线性函数的线性变换的全体记为 $SP(V)$，它也是 $GL(V)$ 的子群，称为辛群.

在 V 中取定一组基后，$\mathrm{End}V$ 与 K 上 n 阶矩阵之间有一个一一对应，因此以上的群可以表示为矩阵形式，$GL(V)$ 和 $SL(V)$ 即是前述的 $GL_n(K)$ 和 $SL_n(K)$.

2. 商群

定义 2.3 设 H 是群 G 的子群，如果对于任意的 $a \in G$ 都有 $aH = Ha$，则称 H 为 G 的**正规子群**，记作 $H \lhd G$.

设 H 是群 G 的一个子群，对于任意的 $g \in G, gHg^{-1} = \{ghg^{-1} \mid h \in H\}$ 也是 G 的一个子

群，称之为 H 的一个**共轭子群**（conjugate subgroup）.

设 H 是 G 的一个真子群. 则 $x \in G$, $xHx^{-1} \subsetneqq G$.

定理 2.3 设 H 是群 G 的一个子群. 则下列断言彼此等价：

(1) $H \triangleleft G$；

(2) 对于任意的 $a \in G, h \in H$ 有 $aha^{-1} \in H$；

(3) 对于任意的 $g \in G, gHg^{-1} = H$.

证 (1)$\Rightarrow$(2) 假设 H 是 G 的正规子群，那么对于任意的 $a \in G, h \in H$，存在 $h' \in H$，使得 $ah = h'a$. 因此 $aha^{-1} = h' \in H$.

(2)$\Rightarrow$(3) 对于任意的 $g \in G$，因为 $ghg^{-1} \in H$，所以 $gHg^{-1} \subset H$. 另外，对于任意的 $h \in H$，因为 $g^{-1} \in G$，所以 $g^{-1}h(g^{-1})^{-1} = g^{-1}hg \in H$，所以存在 $h' \in H$ 使得 $g^{-1}hg = h'$，因此 $h = gh'g^{-1} \in gHg^{-1}$，于是 $H \subset gHg^{-1}$，得 $gHg^{-1} = H$.

(3)$\Rightarrow$(1) $gHg^{-1} = H$ 时，$gH = Hg$ 是显然的.

设 A, B 是群 G 的两个集合，定义 $AB \triangleq \{ab \mid a \in A, b \in B\}$，$A^{-1} \triangleq \{a^{-1} \mid a \in A\}$.

我们经常需要下面的事实. 设 $H, K \leq G$，则 $HK \leq G$ 当且仅当 $HK = KH$. 且当 H, K 是有限群时，$|HK| = |H||K|/|H \cap K|$. 设 $H_1, H_2 \leq G$ 且 $H_1 \subseteq H_2$，则有 $|G:H_1| = |G:H_2||H_2:H_1|$. 证明留给读者.

定理 2.4 设 H 是群 G 的一个子群. H 是正规子群的充分必要条件为任意两个左（右）陪集之积还是一个左（右）陪集.

证 先证必要性. 设 H 是一正规子群，Ha, Hb 是两个右陪集，于是

$$Ha \cdot Hb = H(aH)b = H(Ha)b = Hab.$$

再证充分性. 设 Ha, Hb 是任意两个右陪集. 由条件 $Ha \cdot Hb = Hc$，其中 $c \in G$，得 $ab \in Hc$，于是

$$Ha \cdot Hb = Hc = Hab,$$

用 b^{-1} 乘上式两边，得

$$HaH = Ha.$$

因为 $e \in H$，所以 $aH \subseteq HaH$，即

$$aH \subseteq Ha.$$

把 a 换成 a^{-1} 得

$$a^{-1}H \subseteq Ha^{-1},$$

于是

$$Ha \subseteq aH.$$

综上，$aH = Ha$，H 是正规子群.

上述定理说明，若 H 是群 G 的一个正规子群，则在 H 的右商集（全部不同的右陪集组成的集合，也等于 H 的左商集）G/H 上可以定义一个乘法运算，即

$$Ha \cdot Hb = Hab.$$

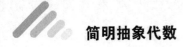

因为
$$H \cdot Ha = Ha = Ha \cdot H,$$
且
$$Ha^{-1} \cdot Ha = H,$$
可知右商集 G/H 在上述运算下构成一个群.

定义 2.4　G/H 在陪集乘法下所成的群称为 G 对于正规子群 H 的**商群**，仍记为 G/H.

交换群的子群是正规子群，所以对于交换群的任一子群都可以构造商群. 群 G 的任一指数是 2 的子群是正规子群.

设 G 是一群，H 是 G 的正规子群，$a \in G$. 若 Ha 在 G/H 中的阶是 n，则 a 在 G 中的阶是 n 的倍数.

设 A 是群 G 的一个非空子集，定义
$$C_G(A) \triangleq \{ g \in G \mid \forall a \in A, ag = ga \},$$
称为 A 在 G 中的**中心化子**（centerlizer）. 当 $A = G$ 时，
$$C_G(G) = \{ a \in G \mid \forall g \in G, ag = ga \}.$$

易知 $C_G(A) < G$ 且 $C_G(G) < C_G(A)$. $C_G(G)$ 叫做群 G 的**中心**，简记为 $C(G)$. 当 $A = \{a\}$ 时，$C_G(a) = \{ g \in G \mid ag = ga \}$ 称为 a 在 G 中的**中心化子**. 当 $a \in C(G)$ 时，$C_G(a) = G$.

设 G 是群，$a, b \in G$，若存在 $g \in G$ 使得 $gag^{-1} = b$，则称 a 与 b 共轭（conjugate）. 易知共轭关系是一个等价关系，每一个等价类称为一个**共轭类**，记作 $K_a = \{ gag^{-1} \mid g \in G \}$. 若 $a \in C(G)$，则 $K_a = \{a\}$，因此
$$G = C(G) \cup \left(\bigcup_{a \notin C(G)} K_a \right),$$
其中 $\bigcup\limits_{a \notin C(G)}$ 表示对所有非中心内的共轭类代表元取并集. 当 G 是有限群时，
$$|G| = |C(G)| + \sum_{a \notin C(G)} |K_a|.$$

令 $S = \{ gC_G(a) \mid g \in G \}$ 是 $C_G(a)$ 在 G 中的左陪集集合. 定义
$$\phi : K_a \to S, \quad gag^{-1} \mapsto gC_G(a).$$
因为 $g_1 a g_1^{-1} = g_2 a g_2^{-1} \Leftrightarrow g_2^{-1} g_1 a = a g_2^{-1} g_1 \Leftrightarrow g_1 C_G(a) = g_2 C_G(a)$，所以 ϕ 的定义是合理的，且是 K_a 到 S 的单射. 显然 ϕ 也是满射，因此
$$|K_a| = |S| = [g : C_G(a)].$$

由上面的讨论可得到有限群的类方程.

定理 2.5　设 G 是有限群，则有
$$|G| = |C(G)| + \sum_{a \notin C(G)} [G : C_G(a)].$$

3.　群的同态

定义 2.5　设 $\varphi : G \to G'$ 是群 G 到群 G' 的一个映射. 如果 φ 满足条件

$$\varphi(xy) = \varphi(x)\varphi(y) , \quad \forall x, y \in G,$$

则称 φ 为 G 到 G' 的一个**群同态**或同态（homomorphism）. 如果 φ 是单射，则称 φ 是单同态（monomorphism）；如果 φ 是满射，则称 φ 是满同态（epimorphism）. 如果 φ 是一一映射，则称 φ 为**同构**（isomorphism），这时称 G 和 G' 是同构（isomorphic）的，记作 $G \cong G'$. G 到 G 自身的同态（构）称为自同态（构）.

设 $\varphi : G \to G'$ 是群 G 到群 G' 的一个同态，e 为 G 的单位元，则 $\varphi(e)$ 是 G' 的单位元. 因此，对任意的 $a \in G$，$\varphi(a^{-1}) = \varphi(a)^{-1}$.

例 2.6 设 G 是群. 对任意的 $a \in G$ 定义：$\delta_a : G \to G, g \mapsto aga^{-1}$，则 δ_a 是群 G 的一个自同构，称为由 a 定义的**内自同构**. 一个群 G 的所有的自同构组成的集合在映射的复合运算下构成一个群，叫做 G 的**自同构群**，记作 $\mathrm{Aut}(G)$. 群 G 的所有的内自同构组成一个**内自同构群**.

定义 2.6 设 φ 是群 G 到群 G' 的一个同态，则 G' 的单位元 e' 的原像集称为同态 φ 的**核**（kernel），记作 $\mathrm{Ker}\varphi$. 即

$$\mathrm{Ker}\varphi = \{a \in G \mid \varphi(a) = e'\}.$$

$\mathrm{Im}\varphi \triangleq \varphi(G)$ 称为 G 在 φ 作用下的**同态像**.

我们来证明，同态的核是群 G 的正规子群. 由 $\phi(e) = e'$ 可知 $e \in \mathrm{Ker}\varphi$. 如果 $a, b \in \mathrm{Ker}\varphi$，即 $\varphi(a) = \varphi(b) = e'$，则 $\varphi(ab^{-1}) = \varphi(a)\varphi(b)^{-1} = e'$，所以 $\mathrm{Ker}\varphi$ 是 G 的一个子群. 对任意的 $g \in G, k \in \mathrm{Ker}\varphi$，$\varphi(gkg^{-1}) = \varphi(g)\varphi(k)\varphi(g^{-1}) = \varphi(g)\varphi(g)^{-1} = e'$，所以 $gkg^{-1} \in \mathrm{Ker}\varphi$，因此 $\mathrm{Ker}\varphi \triangleleft G$. 令 $K = \mathrm{Ker}\varphi$，对任意的 $a' \in \mathrm{Im}\varphi$，若 $\varphi(a) = a'$，则 $\varphi^{-1}(a') = aK$，这是因为对任意的 $k \in K$，有 $\varphi(ak) = \varphi(a)\varphi(k) = a'$，所以 $ak \in \varphi^{-1}(a')$，即 $aK \subseteq \varphi^{-1}(a')$. 另一方面，对任意的 $x \in \varphi^{-1}(a'), \varphi(x) = a'$，即 $\varphi(x) = \varphi(a)$，于是 $a^{-1}x \in K$，从而 $x \in aK, \varphi^{-1}(a') \subseteq aK$.

进一步，φ 是单射 $\Leftrightarrow \forall a' \in \varphi(G), |\varphi^{-1}(a')| = 1 \Leftrightarrow |aK| = 1 \Leftrightarrow |K| = 1 \Leftrightarrow K = \{e\}$.

定理 2.6（同态基本定理） 设 φ 是群 G 到群 G' 的一个满同态，$K = \mathrm{Ker}\varphi$，则 $G/K \cong G'$.

证明 设 $G/K = \{gK \mid g \in G\}$，定义映射 $\phi : G/K \to G' : aK \mapsto \varphi(a)$. 因为 $g_1 K = g_2 K \Leftrightarrow g_1^{-1} g_2 \in K \Leftrightarrow \varphi(g_1^{-1} g_2) = e' \Leftrightarrow \varphi(g_1) = \varphi(g_2)$，所以 ϕ 是良定义的且是单射.

又 $\forall b \in G'$，因为 φ 是满射，存在 $a \in G$ 使得 $\varphi(a) = b$，因此 $aK \in G/K$ 使得 $\phi(aK) = \varphi(a) = b$，所以 ϕ 是满射.

又因为

$\phi(g_1 K)\phi(g_2 K) = \phi(g_1 g_2 K) = \varphi(g_1 g_2) = \varphi(g_1)\varphi(g_2) = \phi(g_1 K)\phi(g_2 K)$，所以 ϕ 是同构映射，$G/K \cong G'$.

一个子群 $H \subset G$ 为正规子群，当且仅当它是某个群同态 $G \to G'$ 的核. 若 $H \triangleleft G$，则 G 的群结构诱导 G/H 的一个群结构，即 G 模 H 的商群，使得投射 $p : G \to G/H$ 是满同态. 任一群同态 $\varphi : G \to G'$ 可以分解为一个满同态 $p : G \to G/H$ 和一个单同态 $\phi : G/H \to G'$ 的合成，其

中，$H = \ker\varphi$，而 ϕ 给出同构 $G/H \cong \varphi(G)$.

4. 循环群

定义 2.7 设 G 是一个群，如果存在 $a \in G$ 使得 $G = \langle a \rangle$，则称 G 为**循环群**（cyclic group），a 叫做群 G 的生成元. 显然，循环群都是 Abel 群.

例 2.7 所有的整数在普通加法下构成一个无限循环群.

例 2.8 $Z/nZ = Zn = \{\overline{0}, \overline{1}, \overline{2}, \cdots \overline{n-1}\}$ 是 n 阶循环群，$\overline{1}$ 和 $\overline{n-1}$ 都是它的生成元.

例 2.9 令 $\mu_n = \{e^{\frac{2k\pi}{n}i} \mid k = 0, 1, \cdots, n-1\}$ 是复数域上的所有 n 次单位根的集合，μ_n 关于复数乘法构成一个 n 阶循环群，称为 n 阶单位根群.

定理 2.7 循环群的子群仍是循环群.

证 设 $G = \langle a \rangle$ 是一循环群，$H < G$. 不妨设 $H \neq \{e\}$. 因为 $a^n \in H \Rightarrow a^{-n} \in H$，所以存在某一正整数 n 使得 $a^n \in H$. 设 d 是使得 $a^d \in H$ 的最小的正整数，即 $d = \min\{n \in Z \mid n > 0, a^n \in H\}$. 下证 $H = \langle a^d \rangle$. 任给 $h \in H$，存在 $m \in Z$ 使得 $h = a^m$. 设 $m = qd + r, 0 \leq r < d$，则 $a^m = a^{qd+r} = a^{qd}a^r \in H$，进而 $a^r \in H$. 由 d 的选取可知 $r = 0$，所以 $H = \langle a^d \rangle$.

定理 2.8 设 $G = \langle a \rangle$ 是 n 阶循环群. 对 n 的每一个正因子 s，都存在唯一的一个 s 阶子群，它们就是 G 的全部子群.

证 设 s 是 n 的任一正因子，则存在正整数 d 使得 $n = sd$. 由于 $o(a) = n$，由性质 2.7 得

$$o(a^d) = \frac{n}{(n,d)} = \frac{n}{d} = s.$$

因此 $\langle a^d \rangle$ 是 G 的一个 s 阶子群.

设 H 是 G 的任一 s 阶子群，则 H 是循环群，设 $H = \langle a^k \rangle$，于是 $o(a^k) = s = \frac{n}{d} = \frac{n}{(n,k)}$，因此 $(n,k) = d$. 从而存在 $u, v \in Z$，使得

$$un + vk = d.$$

于是

$$a^d = a^{un+vk} = a^{un} \cdot a^{vk} = (a^k)^v \in \langle a^d \rangle,$$

从而 $\langle a^d \rangle \subseteq \langle a^k \rangle$. 又因为它们的阶都是 s，因此 $\langle a^d \rangle = \langle a^k \rangle = H$. 从而 G 的 s 阶子群是唯一的.

由证明过程可知，若 $(n,k) = d$，则 $\langle a^k \rangle = \langle a^d \rangle$. 特别的，对 $d = 1$，有

$$\langle a^k \rangle = \langle a \rangle \Leftrightarrow (n,k) = 1.$$

从而 n 阶循环群的生成元的个数恰有 $\varphi(n)$ 个，其中 $\varphi(n)$ 为欧拉函数.

性质 2.3 设群 G 为有限交换群，则 G 中存在一个元素，它的阶是 G 中所有元素的阶的倍数.

证 设 a 是有限交换群 G 中阶最大的元素，a 的阶为 n. 假设 G 中有一个元素 b，其阶为 m 且 m 不能整除 n，则存在一个素数 p 使得

$$p^r \mid m \text{ 但 } p^r \nmid n.$$

设 $m = up^r, n = vp^s$，其中 $0 \leqslant s < r, (v,p) = 1$. 由于 $o(b^u) = \dfrac{m}{(m,u)} = p^r, o(a^{p^s}) = \dfrac{n}{(n,p^s)} = v$，且 $(p,v) = 1, ab = ba$，由性质 2.1 得

$$\left| b^u a^{p^s} \right| = p^r v > p^s v = n.$$

这与 a 是最大阶元矛盾. 因此 G 中所有元素的阶都能整除 n.

循环群一定是 Abel 群，但 Abel 群不一定是循环群，下述定理给出有限 Abel 群为循环群的判定条件.

定理 2.9 设 G 为有限 Abel 群，则 G 为循环群当且仅当对于任意的正整数 m，方程 $x^m = e$ 在 G 中解的个数不超过 n.

证 充分性. 由性质 2.3，G 中存在一个元素 a，它的阶 n 是 G 中所有元素的阶的倍数，从而 G 中每一个元素都是方程 $x^n = e$ 的解. 由已知条件 $|G| \leqslant n$，$a \in G$，所以 $n \leqslant |G|$，从而 $|G| = n$，于是 $G = \langle a \rangle$.

必要性. 设 $G = \langle a \rangle$ 为一个 n 阶循环群. 对任意正整数 m，令

$$H = \{x \in G \mid x^m = e\}.$$

则 $e \in H$. 对任意的 $x, y \in H, (xy^{-1})^m = x^m y^{-m} = e$，因此 $xy^{-1} \in H$，从而 $H < G$. 因此存在 n 的一个正因子 d，使得 $H = \langle a^d \rangle$，且 $|H| = \dfrac{n}{d}$. 因为 $a^d \in H$，所以 $(a^d)^m = e$. 因为 a^d 的阶等于 $\dfrac{n}{d}$，所以 $\dfrac{n}{d} \leqslant m$，即 $|H| \leqslant m$. 这证明了方程 $x^m = e$ 在 G 中的解的个数不超过 m.

下面定理指出，在同构意义下循环群只有两种.

定理 2.10 任一无限循环群都与 $\mathbf{Z}$ 同构；任一 n 阶循环群都与 Z_n 同构.

证 设 $G = \langle a \rangle$ 是无限循环群，则 $G = \{a^k \mid k \in \mathbf{Z}\}$. 定义映射 $\phi: G \to \mathbf{Z}, a^s \mapsto s$，显然 ϕ 是双射，且

$$\phi(a^s \cdot a^t) = \phi(a^{s+t}) = s + t = \phi(a^s) + \phi(a^t).$$

因此 $G \cong \mathbf{Z}$.

设 $G = \langle a \rangle$ 是 n 阶循环群，则

$$G = \{e, a, a^2, \cdots, a^{n-1}\}.$$

定义映射 $\phi: G \to Z_n, a^s \mapsto [s], 0 \leqslant s \leqslant n-1$，显然 ϕ 是满射. 若 $[s] = [t]$，则 $[s-t] = [0]$，从而存在整数 q 使得 $s - t = qn$. 于是

$$a^{s-t} = a^{qn} = e.$$

于是 $a^s = a^t$，因此 ϕ 是单射．又

$$\phi(a^s \cdot a^t) = \phi(a^{s+t}) = [s+t] = [s] + [t] = \phi(a^s) + \phi(a^t).$$

因此 $G \cong Z_n$．

我们一般使用 C_n 表示 n 阶循环群．

定义 2.8（离散对数） 设 $G = \langle g \rangle$ 是一循环群．群 G 中的离散对数问题是指：给定 G 中的一个元素 h，求解正整数 n，使得 $h = g^n$，n 叫做 h 相对于生成元 g 的离散对数，记作 $n = \log_g h$．

设 G_1，G_2 是任意两个群，在集合 $G_1 \times G_2$ 上定义运算 $(a_1, b_1)(a_2, b_2) \triangleq (a_1 a_2, b_1 b_2)$，其中 $a_1, a_2 \in G_1, b_1, b_2 \in G_2$．则 $G_1 \times G_2$ 在该运算下构成一个群，称为 G_1 与 G_2 的直积或外直积．直积的结构完全被群 G_1，G_2 的结构所决定．G_1 和 G_2 称为 $G_1 \times G_2$ 的直积因子．令 e_1, e_2 分别表示 G_1, G_2 的单位元．在 $G_1 \times G_2$ 中令 $\overline{G_1} = \{(a, e_2) \mid a \in G_1\}$，$\overline{G_2} = \{(e_1, b) \mid b \in G_2\}$，则 $\overline{G_1} \leqslant G_1 \times G_2$，$\overline{G_2} \leqslant G_1 \times G_1$，且 $G_1 \cong \overline{G_1}$，$G_2 \cong \overline{G_2}$．对 $G_1 \times G_2$ 中任一元素 (a, b)，$(a, b) = (a, e_2)(e_1, b)$．因此，$G_1 \times G_2$ 中任一元素可以分解为 $\overline{G_1}$ 与 $\overline{G_2}$ 中元素的乘积．不难验证，这样的分解是唯一的．当 G_1，G_2 是有限群时，$G_1 \times G_2$ 也是有限群，且 $|G_1 \times G_2| = |G_1| |G_2|$．

直积具有下面一些明显的属性．设 A，B，C 是任意的群，则 $A \times B \cong B \times A$．结合律成立：$(A \times B) \times C \cong A \times (B \times C)$，因此可简写为 $A \times B \times C$．如果 $A \cong A'$，$B \cong B'$，则 $A \times B \cong A' \times B'$．如果 $A \cong A'$ 且 $A \times B \cong A' \times B'$，则 $B \cong B'$．

直积的定义可以推广到多个群的情形，上面的讨论也均成立．设 $G_1, G_2, \cdots, G_n$ 是 n 个任意的群，在笛卡儿积 $G_1 \times G_2 \times \cdots G_n$ 上定义一个二元运算

$$(x_1, x_2, \cdots, x_n)(y_1, y_2, \cdots, y_n) \triangleq (x_1 y_1, x_2 y_2, \cdots, x_n y_n),$$

则称 $G_1 \times G_2 \times \cdots \times G_n$ 是群 $G_1, G_2, \cdots, G_n$ 的直积，记作 $G_1 \times G_2 \times \cdots \times G_n$．如果群的运算是加法，$G_1 \times G_2 \times \cdots \times G_n$ 也称作群 $G_1, G_2, \cdots, G_n$ 的直和．

定理 2.11 设 G_1, G_2 是 G 的两个子群，满足

（1）$G = G_1 G_2$；

（2）$G_1 \cap G_2 = \{e\}$；

（3）对任意的 $a \in G_1, b \in G_2, ab = ba$；

则 $G \cong G_1 \times G_2$．

证 定义 $\varphi : G_1 \times G_2 \rightarrow G, \varphi(a_1, a_2) = a_1 a_2$．由条件（3）得

$\varphi((a_1, a_2)(b_1, b_2)) = \varphi((a_1 b_1, a_2 b_2)) = a_1 b_1 a_2 b_2 = a_1 a_2 b_1 b_2 = \varphi((a_1, a_2))\varphi((b_1, b_2))$，

因此 φ 定义了一个群同态，由条件（1）知它是满同态．下面说明它是单的．如果 $\varphi((a, b)) = e$，那么 $a = b^{-1} \in G_1 \cap G_2$，这样 $a = b = e$．因此 φ 是同构．

上述定理中的条件（3）可换为：G_1，G_2 是 G 的正规子群．因为 G_2 是 G 的正规子群，因此对任意的 $a \in G_1$，$b \in G_2$，$aba^{-1}b^{-1} = (aba^{-1})b^{-1} \in G_2$．同样的，$aba^{-1}b^{-1} = a(bab^{-1}) \in G_1$．又因为 $G_1 \cap G_2 = \{e\}$，所以 $ab = ba$．

类似的，可以证明下面的定理.

定理 2.12 设 $H_1, H_2, \cdots, H_n < G$，如果

（1）$H_i \lhd G, i = 1, 2, \cdots, n$；

（2）$G = H_1 H_2 \cdots H_n$；

（3）$H_i \cap (H_1 \cdots H_{i-1} H_{i+1} \cdots H_n) = 1, i = 1, 2, \cdots, n$.

则 $G \cong H_1 \times \cdots \times H_n$.

其中，条件（3）还可以换成

（3'）$H_i \cap (H_1 \cdots H_{i-1}) = 1, i = 2, 3, \cdots, n$.

或

（3''）G 中每个元素 h 表为 $H_1, \cdots, H_n$ 的元素的乘积的表示方法是唯一的，即若

$$h = h_1 h_2 \cdots h_n = h'_1 h'_2 \cdots h'_n, \quad h_i, h'_i \in H_i, i = 1, 2, \cdots, n,$$

则 $h_i = h'_i, i = 1, 2, \cdots, n$.

或

（3'''）G 中单位元素 e 的表示方法是唯一的，即若

$$e = h_1 h_2 \cdots h_n, \quad h_i \in H_i, \ i = 1, 2, \cdots, n,$$

则 $h_1 = h_2 = \cdots = h_n = e$.

对于循环群，有下面的结论成立：

定理 2.13 $C_n \times C_m \cong C_{nm}$ 当且仅当 n, m 互素.

证 设 C_n, C_m 的生成元分别为 a, b，则 $a^n = e, b^m = e$. 因为 $(a, b)^k = (a^k, b^k) = e$ 当且仅当 $a^k = e, b^k = e$. 如果 n, m 互素，则最小的 $k = nm$，因此 $C_n \times C_m \cong C_{nm}$.

如果 n, m 有公共因子 k，且 $n = n'k, m = m'k$，那么对任意的 $(a^r, b^s) \in C_n \times C_m$，$(a^r, b^s)^{n'm'k} = (e, e)$，因此 $C_n \times C_m$ 中没有阶为 nm 的元素，这样 $C_n \times C_m$ 不能与 C_{nm} 同构.

任给一 n 阶循环群 $G = Z/nZ$，写 $n = p_1^{k_1} \cdots p_m^{k_m}$，其中 $p_i \neq p_j$ 对任意的 $i \neq j$. 不同的因子 $p_i^{k_i}$ 是互素的，因此由上述定理 $G = (Z/p_1^{k_1}Z) \times \cdots \times (Z/p_m^{k_m}Z)$. 这里我们不区分同构群而直接写成相等.

对于有限 Abel 群，有下述的结构定理，证明留作习题.

有限 Abel 群的结构定理：任一有限 Abel 群 G 可以表示为一组循环群的直积，该组循环群由 G 唯一确定，每个循环群的阶是素数幂.

也即是说，对任一有限 Abel 群 G，都存在素数 $p_1, \cdots, p_m$（不必不同）和正整数 $k_1, \cdots, k_m$，使得 $G = (Z/p_1^{k_1}Z) \times \cdots \times (Z/p_m^{k_m}Z)$.

5. 对称群

集合 X 到自己的双射称为 X 上的置换，X 上的所有置换构成的集合记作 $\mathrm{Sym}X$ 或

$S(X)$. 在映射的复合下, $\mathrm{Sym}X$ 构成一个群, 称为 X 上的置换群.

定义 2.9 如果 X 是 n 元有限集合, 一般写 X 为 $X = \{1,2,\cdots,n\}$, 写 $S(X) = S_n$, 称之为 n 次对称群. 若 $\sigma \in S_n$, 定义 σ 的支集是使得 $\sigma(i) \neq i$ 的那些 $i \in \{1,2,\cdots,n\}$ 的子集.

S_n 的阶等于 $n!$, 且 S_n 是非交换群. 两个具有不相交支集的置换可以相互交换.

任一个 n 次置换 α 可直观地表示为

$$\alpha = \begin{pmatrix} 1 & 2 & \cdots & n \\ \alpha(1) & \alpha(2) & \cdots & \alpha(n) \end{pmatrix}.$$

设 $a_1, a_2, \cdots, a_\ell \in X = \{1,2,\cdots,n\}$ 是彼此不同的元素, 规定 $(a_1 a_2 \cdots a_\ell)$ 表示这样一个置换: 它变 a_1 为 a_2, 变 a_2 为 a_3, $\cdots$, 变 a_ℓ 为 a_1, 并且使 X 中的其他元素都不动, 称这个置换为长为 ℓ 的循环置换或轮换, 记作 ℓ – 轮换. 长为 1 的轮换即是恒等变换, 2 – 轮换称为对换.

称两个循环置换 $(a_1 a_2 \cdots a_\ell)$, $(b_1 b_2 \cdots b_m) \in S_n$ 是不相交的, 如果 $\{a_1, a_2, \cdots, a_\ell\} \cap \{b_1, b_2 \cdots b_m\}$ 为空集. 显然不相交的循环置换是可交换的, 即

$$(a_1 a_2 \cdots a_\ell) \cdot (b_1 b_2 \cdots b_m) = (b_1 b_2 \cdots b_m) \cdot (a_1 a_2 \cdots a_\ell).$$

定理 2.14 令 $n \geq 2$, S_n 的每个 n 元置换可唯一表示为一些不相交的循环置换的乘积.

这里的唯一性是指不考虑乘积中循环置换的顺序和每个循环置换的等价表示.

证 设 $\sigma \in S_n$, 考虑列表 $(1\ \sigma(1)\ \sigma^2(1)\ \sigma^3(1) \cdots)$. 因为 $\{1,2,\cdots,n\}$ 是有限集, 所以必有某一个 k, $\sigma^k(1)$ 已经在列表中出现过. 如果 $\sigma^k(1) = \sigma^\ell(1)$, $\ell < k$, 因为 σ 是双射, 所以 $\sigma^{k-\ell}(1) = \sigma^{\ell-\ell}(1) = 1$. 因此, 直到某个 k 使得 $\sigma^k(1) = 1$ 之前, 所有的 $\sigma^i(1)$ 都不相同, 这样就得到了一个轮换 $(1\ \sigma(1)\ \sigma^2(1) \cdots \sigma^{k-1}(1))$. 挑选不在这个轮换中出现的最小元素 $j \in \{1,\cdots,n\} - \{1, \sigma(1), \cdots \sigma^{k-1}(1)\}$, 可得到第二个轮换 $(j\ \sigma(j) \cdots \sigma^{\ell-1}(j))$, 且这两个轮换不相交. 不断重复上述过程, 直到 $\{1,2,\cdots,n\}$ 中的每个元素都出现在某个轮换中. 这样, 每个 $\sigma \in S_n$ 均可以表示为一些互不相交的轮换的乘积. 由上述构造过程, 轮换 $(j\ \sigma(j) \cdots \sigma^{\ell-1}(j))$ 完全由 j 确定, 这样唯一性是显然的.

例如 $\begin{pmatrix} 1 & 2 & 3 & 4 & 5 & 6 \\ 3 & 1 & 2 & 5 & 4 & 6 \end{pmatrix} = (132)(45)(6)$. 在置换的轮换表示中, 常常略去一个数的轮换, 而写作 $(132)(45)$.

把置换 $\sigma \in S_n$ 写为不相交轮换的乘积, 那么轮换长度构成的列表称为 σ 的轮换类型. 诸如 $(12)(34)$ 的轮换类型为 2, 2. 作为群 S_n 的元素, 每个 k – 轮换的阶为 k. 因此, 对任意的 $\sigma \in S_n$, σ 的阶等于它的不相交轮换表示中不同的循环置换的长度的最小公倍数. 诸如 $(12)(34)$ 的阶为 2, $(125)(34)$ 的阶为 6.

因为 $(a_1 a_2 \cdots a_k) = (a_1 a_k)(a_1 a_{k-1}) \cdots (a_1 a_3)(a_1 a_2)$, 所以每个 $\sigma \in S_n$ 可表示成若干个对换的乘积, 且表示方法不唯一. 但对换个数的奇偶性是由 σ 唯一确定的. 证明如下:

用 $\#\sigma$ 表示其不相交轮换表示中轮换的个数, 其中包括一个数的轮换. 即 $\#(1) = n$,

$\#((12)) = n - 1$，等．设 $\tau = (cd), c < d$．乘积 $\sigma\tau$ 不影响 σ 的不相交轮换表示中不包含 c, d 的轮换．如果 c, d 在某个轮换中出现，那么

$$(ca_2a_3\cdots a_{k-1}da_{k+1}\cdots a_{k+r})(cd) = (ca_{k+1}a_{k+2}\cdots a_{k+r})(da_2a_3\cdots a_{k-1})$$

此时 $\#\sigma\tau = \#\sigma + 1$．

如果 c, d 在两个轮换中出现，那么

$$(ca_2a_3\cdots a_{k-1})(db_2b_3\cdots b_{r-1})(cd) = (cb_2b_3\cdots b_{r-1}da_2a_3\cdots a_{k-1})$$

此时 $\#\sigma\tau = \#\sigma - 1$．因此，对任意的对换 τ，

$$\#\sigma\tau \equiv \#\sigma + 1 \pmod 2.$$

假定 $\sigma = \tau_1\cdots\tau_r = \tau'_1\cdots\tau'_{r'}$ 是两个对换乘积表示．由 σ 的不相交轮换表示的唯一性，$\#\sigma$ 由 σ 唯一确定，与它的对换乘积表示形式无关．但是 $\sigma = e\tau_1\cdots\tau_r$，因此

$$\#\sigma \equiv \#e + r \equiv n + r \pmod 2$$
$$\#\sigma \equiv \#e + r' \equiv n + r' \pmod 2$$

这样，$r \equiv r' \pmod 2$．

由上面的讨论，可知下述定义是合理的．

定义 2.10 写 σ 作为对换的乘积，$\sigma = \tau_1\cdots\tau_s$，称 $\text{sign}(\sigma) = (-1)^s$ 为 σ 的符号或符号差．如果 $\text{sign}(\sigma) = 1$，称 σ 为偶置换．如果 $\text{sign}(\sigma) = -1$，称 σ 为奇置换．

还可以用另外的方式来定义符号差．如果 $\sigma \in S_n$，定义 σ 的符号差 $\text{sign}(\sigma)$ 为

$$\text{sign}(\sigma) = \prod_{1 \le i < j \le n} \frac{\sigma(i) - \sigma(j)}{i - j}$$

如果 $\sigma, \tau \in S_n$，因为 $\dfrac{\sigma\tau(i) - \sigma\tau(j)}{\tau(i) - \tau(j)} = \dfrac{\sigma\tau(j) - \sigma\tau(i)}{\tau(j) - \tau(i)}$，从而可以写

$$\text{sign}(\sigma) = \prod_{1 \le i < j \le n} \frac{\sigma(i) - \sigma(j)}{i - j} = \prod_{1 \le \tau(i) < \tau(j) \le n} \frac{\sigma(\tau(i)) - \sigma(\tau(j))}{\tau(i) - \tau(j)}.$$

因此，$\text{sign}(\sigma\tau) = \left(\prod_{1 \le \tau(i) < \tau(j) \le n} \frac{\sigma(\tau(i)) - \sigma(\tau(j))}{\tau(i) - \tau(j)}\right)\left(\prod_{1 \le i < j \le n} \frac{\tau(i) - \tau(j)}{i - j}\right) = \text{sign}(\sigma)\text{sign}(\tau)$．

因此 $\text{sign}(\alpha\sigma\alpha^{-1}) = \text{sign}(\sigma)$，又因为所有的 k - 轮换是共轭的，因此所有的 k - 轮换具有相同的符号差．考虑对换 $\tau = (n-1, n)$，则

$$\text{sign}(\tau) = \left(\prod_{1 \le i < j \le n-2} \frac{\tau(i) - \tau(j)}{i - j}\right)\left(\prod_{i \le n-2} \frac{\tau(i) - \tau(n-1)}{i - (n-1)}\right)\left(\prod_{i \le n-2} \frac{\tau(i) - \tau(n)}{i - n}\right) \cdot \frac{\tau(n-1) - \tau(n)}{(n-1) - n}$$

$$= \left(\prod_{i \le n-2} \frac{i - n}{i - (n-1)}\right)\left(\prod_{i \le n-2} \frac{i - (n-1)}{i - n}\right) \cdot (-1) = -1,$$

因此所有对换的符号差为 -1．这就证明了两种定义的等价性．

对 $n \ge 2$，$\text{sign}: S_n \to \{1, -1\}$ 是满的群同态，称它的核为 n 次交错群，记作 $\text{Ker sign} = A_n$．它是 S_n 的正规子群．可以证明，A_n 由 3 - 轮换生成，且当 $n \ge 5$ 时，A_n 中的所有 3 - 轮换全都共轭．

如果群 G 没有非平凡的正规子群，则称群 G 为单群．当 $n \geqslant 5$ 时，A_n 是单群．

简单计算可知，$\sigma \in S_n$ 是偶置换当且仅当它的不相交轮换表示中偶数长轮换的个数是偶数．

设 V 是数域 K 上的 n 维线性空间，则矩阵的行列式映射

$$\det : \mathrm{GL}(V) \rightarrow K^*, A \mapsto \det A$$

是满同态，同态的核 $\mathrm{Ker}\, \det = \mathrm{SL}(V)$.

设 V 是数域 K 上的 n 维线性空间，在 V 上取定一组基 $\varepsilon_1, \varepsilon_2, \cdots, \varepsilon_n$，对任意的 $\sigma \in S_n$，定义 V 上的线性变换 π_σ，使得 $\pi_\sigma(\varepsilon_i) = \varepsilon_{\sigma(i)}$，则这样的 π_σ 存在且唯一．于是得到映射

$$\pi : S_n \rightarrow \mathrm{GL}(V), \ \sigma \mapsto \pi_\sigma.$$

这是一个单同态．而且合成同态

$$\det \circ \pi : S_n \rightarrow K^*$$

的同态像为 $\{1, -1\}$．该同态的核即为交错群 A_n.

设 T 是 n 维欧式空间的一个子集（即图形），则将 T 映成自身（即保持 T 整体不变）的正交变换的全体关于变换的乘法构成一个群，叫做图形 T 的对称群．

回顾正 $n(n \geqslant 3)$ 边形的所有对称变换，它包括 n 个旋转变换和 n 个反射变换．所有的旋转可由绕中心逆时针旋转 $\dfrac{2\pi}{n}$ 的旋转得到，记作 r，则所有的旋转可表示为 r^i 的形式，$i = 0, 1, \cdots, n-1$．任选一个关于对称轴的反射变换，记作 s．所有这些对称变换构成一个 $2n$ 阶非交换群，称为二面体群（Dihedral groups），记作 D_{2n}．r 和 s 的阶分别为 n 和 2，且有关系式 $srs^{-1} = r^{-1}$．此关系式表示对正 n 边形先做反射 s，接着沿逆时针方向旋转 $\dfrac{2\pi}{n}$，然后再做反射 s，其总的效果就相当于将正 n 边形沿顺时针方向旋转 $\dfrac{2\pi}{n}$．三个关系式

$$r^n = e, s^2 = e, srs^{-1} = r^{-1}$$

称为 D_{2n} 的定义关系，$D_{2n} = \{s^j r^i \mid j = 0, 1; i = 0, 1, \cdots, n-1\}$.

设 $X = \{x_1, x_2, \cdots, x_n\} (n \geqslant 1)$．又取 $X' = \{x'_1, x'_2, \cdots, x'_n\} (n \geqslant 1)$ 为与 X 一一对应的集合，但是 x_i 与 x'_i 之间没有任何关系（实际上下面将看到它们相当于互逆的关系）．令 $S = X \cup X'$．由 S 的元素组成的有限序列 $w = a_1 \cdots a_t$（其中 $a_i \in S, i = 1, 2, \cdots, t$）称为一个字．空集合组成的字称为空字．在所有的字组成的集合 W 上定义字的乘法为两个字的连写．则 W 在此乘法下构成一个幺半群，空字为单位元．

两个字 w_1 和 w_2 称为相邻的，如果它们中的一个形如 uv，而另一个形如 $ux_i x'_i v$ 或 $ux'_i x_i v$，其中 $u, v \in W$，$x_i \in X, x'_i \in X'$.

两个字 w_1 和 w_2 称为等价的，记为 $w_1 \sim w_2$，如果存在有限多个字 $f_1, f_2, \cdots, f_r$，使得 $w_1 = f_1, w_2 = f_r$，并且 f_i 与 f_{i+1} 相邻，对任意的 $i = 1, 2, \cdots, r-1$．容易验证 $\sim$ 是 W 上的等价关系．以 $\overline{w}$ 记字 w 所在的等价类．定义等价类的乘法为 $\overline{w_1}\, \overline{w_2} = \overline{w_1 w_2}$，则可验证等价类集

合 $W/\sim$ 在这个乘法下构成群，称为 X 上的自由群.

6. 群在集合上的作用

定义 2.11 设 G 是一个群，X 是一非空集合. 如果映射 $f: G \times X \to X$ 满足：对任意的 $g_1, g_2 \in G, x \in X$，有

（1）$f(e, x) = x$；

（2）$f(g_1 g_2, x) = f(g_1, f(g_2, x))$

则称 f 确定了群 G 在 X 上的一个作用.

在不需要明确指出映射 f 时，常把 $f(g, x)$ 简写成 $g(x)$. 定义中的条件可写成 $e(x) = x, g_1(g_2(x)) = g_1 g_2(x)$.

平凡作用：取任意的群 G 和 X，$f(g, x) = x$，对任意的 g, x. S_n 通过置换作用在 $\{1, 2, \cdots, n\}$ 上.

如果群 G 作用在 X 上，那么 $\sigma_g: X \to X, x \mapsto g(x)$ 是 X 的一个置换，因此 $\sigma_g \in S(X)$，且 $\sigma_g^{-1} = \sigma_{g^{-1}}$. 显然，$g \mapsto \sigma_g$ 是群 G 到 $S(X)$ 的一个同态映射. 反过来，给定 G 到 $S(X)$ 的一个同态映射 $\phi: G \to S(X)$，$g(x) = \phi(g)(x)$ 定义一个 G 在 X 上的作用.

如果同态 $g \mapsto \sigma_g$ 是单射，则称 G 在 X 上的作用是忠实的（faithful），或者说 G 忠实地作用在 X 上. 若对任意的 $x, y \in X$，存在 $g \in G$ 使得 $y = g(x)$，则称 G 在 X 上的作用是传递的.

设 G 是一个群，且 G 同时作用在两个非空集合 X 和 X' 上. 如果存在一个一一映射 $\varphi: X \to X'$ 使得

$$\varphi(g(x)) = g(\varphi(x)),$$

那么就称这两个作用是等价的.

例 2.10 （1）设 G 是一个群，取 $X = G$，定义

$$g(x) = gx, \quad \forall g, x \in G,$$

称为 G 上的左平移作用. 如果定义

$$g(x) = xg^{-1}, \quad \forall g, x \in G,$$

则称之为 G 上的右平移作用. 显然，左平移与右平移是等价的.

（2）设 G 是一个群，取 $X = G$，定义

$$g(x) = gxg^{-1}, \quad \forall g, x \in G,$$

称为 G 上的共轭作用.

（3）设 G 是一个群，$H \leqslant G$，令 $X = \{xH \mid x \in G\}$，定义

$$g(xH) = gxH, \quad g, x \in G,$$

定义了一个 G 在 X 上的作用. 这里 X 常称为群 G 的一个齐性空间.

定理 2.15（Cayly） 每一个群都同构于某一个变换群的子群.

证 考虑 G 在 G 上的平移作用，这给了一个群同态 $\varphi: G \to S(G)$，因为作用是忠实的，所以 $\mathrm{Ker}\,\varphi = \{e\}$，因此 $G \cong \mathrm{Im}\,\varphi \leqslant S(G)$. 设群 G 作用在 X 上，对任意的 $x, y \in X$，如果存在 $g \in G$ 使得 $y = g(x)$，则称 x 与 y 具有关系 $\sim$，显然这是一个等价关系. 每一个等价类称为 X 上的一个轨道. x 所在的轨道等价类为

$$O_x = G(x) = \{g(x) \mid g \in G\}.$$

因此，$X = \bigcup_x O_x$.

如果 $g(x) = x$，$\forall g \in G$，则称 x 为 G 的不动元素. 如果 X 只有一条轨道，则称 G 在 X 上的作用是传递的.

对任意的 $x \in X$，

$$\mathrm{Stab}_x = G_x = \{g \in G \mid g(x) = x\}$$

称为元素 x 的稳定子群，因为 $\mathrm{Stab}_x \leqslant G$. 下面定理的证明留做练习.

定理 2.16 设群 G 作用在 X 上，$x \in X$，则 G 在 O_x 上的作用与 G 在齐性空间 G/Stab_x 上的作用等价.

若 G 是有限群，则由上述定理可得到

$$|O_x| = |G/\mathrm{Stab}_x|,$$

或者写作 $|G| = |O_x|\,|\mathrm{Stab}_x|$.

设 $\sigma \in S_n$，σ 生成的 S_n 的循环子群作用在 $\{1, 2, \cdots, n\}$ 上，令 $\omega(\sigma)$ 表示轨道个数，那么 $\mathrm{sign}(\sigma) = (-1)^{n-\omega(n)}$.

7. 可解群与合成群列

定义 2.12 设 G 是群，$a, b \in G$. 规定 $[a, b] = aba^{-1}b^{-1}$，称之为 a 和 b 的换位子. 由群的所有换位子生成的子群称为 G 的换位子群，记作 G'. 递归地定义群 G 的 n 级换位子群为：$G^{(1)} = G'$，$G^{(n)} = (G^{(n-1)})'$.

如果 G 是交换群，那么 $G' = \{e\}$. 因此，从某种意义上讲，换位子群是群 G 的交换性的一种度量. G' 是 G 的正规子群，且 G/G' 是交换群. 如果 H 是 G 的正规子群，则 G/H 是交换群当且仅当 G' 是 H 的子群.

定义 2.13 设 G 是群，如果存在某个正整数 n 使得 $G^{(n)} = \{e\}$，则称 G 为可解群. 这等价于存在 G 的子群列 $G = G_0 \rhd G_1 \rhd \cdots \rhd G_n = \{e\}$，使得 G_i/G_{i+1}，$0 \leqslant i \leqslant n-1$，都是交换群.

定义 2.14 设 G 是群，一个有限长的子群降链

$$G = G_0 \geqslant G_1 \geqslant \cdots \geqslant G_n = \{e\}$$

如果满足

$$G_i \neq G_{i-1} \text{且} G_i \lhd G_{i-1} (\forall 1 \leqslant i \leqslant n),$$

则称之为 G 的一个次正规群列. 如果一个次正规群列还满足 $G_{i-1}/G_i(1\leqslant i\leqslant n)$ 都是单群,则称之为 G 的一个合成群列,而称每个商群 G_{i-1}/G_i 为 G 的一个合成因子.

一个群不一定有合成群列,例如整数加法群就没有合成群列. 有限群都有合成群列.

定理 2.17　有限群的任意一个次正规群列都可以加细为合成群列.

证　设 $G=G_0\geqslant G_1\geqslant\cdots\geqslant G_n=\{e\}$ 是 G 的一个长度为 n 的次正规群列. 如果存在某个 i $(1\leqslant i\leqslant n)$ 使得 G_{i-1}/G_i 不是单群,即 G_{i-1}/G_i 有非平凡的正规子群 $\overline{H}$. 则 $\overline{H}$ 在自然同态 $G_{i-1}\rightarrow G_{i-1}/G_i$ 下的原像 H 是 G_{i-1} 的正规子群,且 $G_{i-1}\neq H\neq G_i$. 于是
$$G=G_0\geqslant G_1\geqslant\cdots\geqslant G_{i-1}\geqslant H\geqslant G_i\geqslant\cdots\geqslant G_n=\{e\}$$
是 G 的一个长度为 $n+1$ 的次正规群列. 由于 G 是有限群,所以次正规群列的长度有限. 故上述的加细过程在有限步后停止,此时每个商群都是单群,这个群列就是合成群列.

下面重要定理的证明可参见文献 [2].

定理 2.18（Jordan - Holder 定理）　任一有限群的所有合成群列的长度都相等,且它们的合成因子在不计顺序的意义下对应同构.

第 2 章　习题

1. 如果在群 G 中,每个元素 a 都适合 $a^2=e$,求证:G 是交换群.

2. 如果在群 G 中,对于任意的 a,b 有 $a^2b^2=(ab)^2$,求证:G 是交换群.

3. 求证:$|S_n|=n!$.

4. 确定 S_3 的所有子群和正规子群.

5. 设 $K_4=\{e,a,b,c\}$,其上的二元运算满足 $a^2=b^2=c^2=e,ab=c,bc=a,ca=b$,求证:$K_4$ 是群,称为 Klein 四元群. S_4 的子群 $\{(1),(12)(34),(13)(24),(14)(23)\}$ 是 Klein 四元群,也记作 K_4. 计算 S_4 关于 K_4 的指数,以及 S_4 关于 K_4 的所有左、右陪集.

6. 求证:S_3 与 Z_6 不同构.

7. 确定所有可能的四阶群和六阶群.

8. 求证:任意一个群都不能写成两个真子群的并.

9. 如果 G 只有有限多个子群,求证:G 是有限群.

10. 求证:素数阶群是循环群.

11. 求证:不存在恰有两个 2 阶元的群.

12. 设 G 是群,$a,b\in G$,如果 $aba^{-1}=b^n$,求证:$a^mba^{-m}=b^{n^m}$.

13. 求证:指数为 2 的子群必为正规子群.

14. 求证:不存在恰有两个指数为 2 的子群的群.

15. 设 H,K 都是群 G 的指数有限的子群,求证:$H\cap K$ 在 G 中的指数也有限.

16. 设 H 都是群 G 的指数有限的子群,求证:G 有指数有限的子群.

17. 求证:阶小于 6 的群皆可交换.

18. 设 A,B,C 为 G 的子群,并求 $A<C$,求证:$AB\cap C=A(B\cap C)$.

19. 设 A,B,C 为 G 的子群，并求 $A < B$，如果 $A \cap C = B \cap C$，$AC = BC$，求证：$A = B$.

20. 求证：有限群 G 是二面体群的充要条件是 G 可由两个 2 阶元生成.

21. 求证：有限生成群的指数有限的子群也是有限生成的.

22. 求证：S_n 可由对换（12）和轮换（1 2⋯n）生成.

23. 求证：偶数阶群一定含有二阶元.

24. 在一个有限群里阶大于 2 的元的个数一定是偶数.

25. 由实数的加法群到正实数的乘法群的指数映射 $\mathrm{Exp}(x) = \mathrm{e}^x$ 是群同态.

26. 求证：$f(x) = \cos x + \sqrt{-1}\sin x$ 是$(\mathbf{R}, +)$到$(C^*, \cdot)$一个群同态，并计算 $\mathrm{Ker}\, f$.

27. 设 G 是 $2n$ 阶群，n 是奇数，则 G 有指数为 2 的正规子群.

28. 设 H,K 都是 G 的子群，求证：HK 是 G 的子群当且仅当 $HK = KH$.

29. 设 H,K 是 G 的两个有限子群，求证：

$$|HK| = \frac{|H||K|}{|H \cap K|}.$$

30. （子群对应定理）设 N 是群 G 的一个正规子群，$\pi: G \to G/N$ 为自然同态. 则 π 建立了 G 中所有包含 N 的子群与 G/N 中全部子群之间的一个一一对应. 在这个对应下，正规子群与正规子群相对应. 如果 $H \lhd G, H \supset N$，那么 $G/H \cong (G/N)/(H/N)$.

31. （第一同构定理）设 φ 是 G 到 G' 的满同态，$K = \mathrm{Ker}\,\varphi$，$H < G$ 且 $K \subset H$，则

$$G/H \cong G'/\varphi(H) \cong \frac{G/K}{H/K}.$$

32. （第二同构定理）设 G 是群，$N \lhd G$，$H < G$，则

$$HN/N \cong H/(H \cap N).$$

33. 求证：循环群的同态像也是循环群.

34. 求证：有理数加法群$(\mathbf{Q}, +)$的任一有限生成子群是循环群.

35. 设 G,H 分别是 m,n 阶循环群，求证：H 是 G 的同态像当且仅当 $n \mid m$.

36. （Burnside 引理）设群 G 作用在集合 X 上，令 r 表示 X 在 G 作用下的轨道个数，对任意的 $g \in G$，$\chi(g)$ 表示 X 在 g 作用下不动点的个数，即 $\chi(g) = |\{x \in X \mid g(x) = x\}|$，求证：$\dfrac{1}{|G|}\sum\limits_{g \in G}\chi(g) = r.$

37. 设 $H = \{z = x + y\sqrt{-1} \in C \mid y > 0\}$，称为 Poincare 上半平面. 对任意的 $g = \begin{pmatrix} a & b \\ c & d \end{pmatrix} \in \mathrm{SL}(2,R)$，$z \in H$，定义 $g(z) = \dfrac{az + b}{cz + d}$. 求证：这定义了 $\mathrm{SL}(2,R)$ 在 H 上的一个传递作用，称为 Mobius 变换或分式线性变换，并求 $\sqrt{-1}$ 的稳定子群.

38. 设 p 为素数，G 为阶能被 p 整除的有限群. 让 Z/pZ 作用在 G^p 上，作用为 $i \cdot (x_0, \cdots, x_{p-1}) = (x_i, x_{i+1}, \cdots, x_{i+p-1})$. 设 $X = \{(x_0, \cdots, x_{p-1}) \in G^p \mid x_0 x_1 \cdots x_{p-1} = 1\}$.

（1）求证：对任意的 $x \in X$，x 在 Z/pZ 作用下的像仍在 X 中；

（2）计算该作用的不动点；

（3）求证：p 整除 $|X|$，由此可推出 G 有阶为 p 的元. 此即为柯西定理，即如果 G 是有限群，p 是整除群阶的一个素数，则 G 中含有 p 阶元.

39. 阶为素数 p 的幂的群称为一个 p - 群. 设 $|G| = up^v$，$p \nmid u$，则 G 的阶为 p^v 的子群称为 G 的一个

p – Sylow 子群. 设 G 为有限群且 $p \mid \#G$，则 G 必有 p – Sylow 子群，且所有的 p – Sylow 子群均共轭. 如果 H 是 G 的一个 p – 群，则 H 必包含在某个 p – Sylow 子群中. 特别地，所有 p 阶元都包含在某个 p – Sylow 子群中. 上述结论即为 Sylow 定理.

40. 求证：可解群的子群和商群都是可解群.

41. 设 H, K 是群 G 的正规子群，G/H 与 G/K 都可解，求证：$G/H \cap K$ 可解.

42. 求证：整数加法群没有合成群列.

43. 写出 Z_6 的两种合成群列.

44. 写出 S_3 和 S_4 的合成群列.

45. 求证：S_4 只有一个 12 阶子群，即 A_4.

46. 写出二面体群 D_{20} 的全部正规子群.

47. 求证：D_6 与 $C_2 \times C_3$ 不同构；当 $n > 2$ 时，D_{2n} 与 $C_n \times C_2$ 不同构.

48. 求证：S_4 由元素 a, b 生成，而 a, b 适合 $a^2 = b^4 = (ab)^4 = e.$

49. 求证：A_4 由元素 a, b 生成，而 a, b 适合 $a^2 = b^3 = (ab)^3 = e.$

50. （自由群的泛性）设 F 是自由群，G, H 是群. 设 $\alpha : F \to G$ 是群同态，$\beta : H \to G$ 是满同态，则存在同态 $\gamma : F \to H$ 使得 $\alpha = \beta \gamma.$

第3章

环

1. 环、子环和理想

定义 3.1 设 R 是一个非空集合，如果在 R 上定义了加法运算（$+$）和乘法运算（$\cdot$），且它们满足：

（1）$(R, +)$ 是一个交换群；

（2）乘法运算满足结合律：对任意的 $a, b, c \in R, (a \cdot b) \cdot c = a \cdot (b \cdot c)$；

（3）乘法对加法满足分配律：对任意的 $a, b, c \in R, a(b + c) = ab + ac, (b + c)a = ba + ca$；

则称 $(R, +, \cdot)$ 或 R 是一个环（ring）.

设 $(R, +, \cdot)$ 是一个环，加法交换群 $(R, +)$ 的单位元通常记作 0. 元素 a 在加法群中的逆元记作 $-a$，称为 a 的负元. 环 $(R, +, \cdot)$ 中的单位元是指乘法半群 $(R, \cdot)$ 中的单位元（如果存在），记作 1. 一个元素 a 的逆元指的是它在乘法半群中的逆元，记作 a^{-1}.

定义 3.2 设 $(R, +, \cdot)$ 是一个环.

（1）如果环 R 乘法是交换的，即对任意的 $a, b \in R, ab = ba$，则称 R 是**交换环**；

（2）对任意的 $a, b \in R$，若 $ab = 0$ 且 $a \neq 0, b \neq 0$，则称 a 为**左零因子**，b 为**右零因子**. 左零因子和右零因子统称为**零因子**，但左零因子不一定是右零因子；

（3）环 R 称为有单位元的环或幺环，如果它的乘法半群有单位元 1；

（4）如果 $R \neq \{0\}$，交换且无零因子，则称 R 是**整环**（domain）；

（5）如果环 R 至少有两个元 $0, 1, 0 \neq 1$，且每个非零元都可逆，因而所有非零元在乘法运算下构成一个群，则称 R 是**除环**或**体**；

（6）交换的除环称为**域**（field）；

— 40 —

（7）含有有限个元素的域称为**有限域**. 含有无限个元素的域称为**无限域**；

（8）环 R 中的乘法可逆元叫做**正则元**或者**单位**；

（9）$R^* \triangleq R \setminus \{0\}$.

例 3.1 整数集合对普通加法和乘法是一个有单位元的无限交换整环. 有理数集，实数集和复数集对于普通的加法和乘法分别构成域.

设 G 是 Abel 群，运算写作加法，$E = \mathrm{End}(G)$ 是 G 的所有自同态的集合. 对任意的 α, $\beta \in E$, $x \in G$, 定义 $(\alpha + \beta)(x) = \alpha(x) + \beta(x)$, $(\alpha\beta)(x) = \alpha(\beta(x))$, 则 E 构成一个有单位元的环，称为群 G 的自同态环.

设 R 是环，令 $M_n(\mathbf{R})$ 表示元素在 $\mathbf{R}$ 中的所有 $n \times n$ 矩阵的集合，即

$$M_n(\mathbf{R}) = \left\{ \begin{pmatrix} a_{11} & \cdots & a_{1n} \\ \vdots & & \vdots \\ a_{n1} & \cdots & a_{nn} \end{pmatrix} \middle| a_{ij} \in \mathbf{R} \right\}.$$

像线性代数中那样，可在 $M_n(\mathbf{R})$ 中可定义矩阵加法和乘法，零矩阵记作 $\boldsymbol{O}$, 则 $M_n(\mathbf{R})$ 构成一个环，称为 $\mathbf{R}$ 上的 n 阶全矩阵环. 如果 R 有单位元，则 $M_n(R)$ 也有单位元，即单位矩阵.

例 3.2 设 $Z[\mathrm{i}] = \{a + b\mathrm{i} \mid a, b \in \mathbf{Z}, \mathrm{i} = \sqrt{-1}\}$, 则 $Z[\mathrm{i}]$ 对复数加法和乘法构成环，称为高斯整数环.

例 3.3 设 $Z_n = \{\overline{0}, \overline{1}, \overline{2}, \cdots, \overline{n-1}\}$ 是整数模 $n(n \geqslant 1)$ 的剩余类集合，在 Z_n 中定义加法和乘法分别为模 n 的加法和乘法：

$$\overline{a} + \overline{b} = \overline{a+b} = a + b \pmod{n}, \quad \overline{a} \cdot \overline{b} = \overline{ab} = ab \pmod{n}.$$

则 $(Z_n, +)$ 是交换群，$(Z_n, \cdot)$ 是交换半群，且分配律成立，所以 $(Z_n, +, \cdot)$ 是交换环，称为整数模 n 的剩余类环.

例 3.4 有限整环是域. 证明留给读者.

定理 3.1 $(Z_n, +, \cdot)$ 是域当且仅当 n 是素数.

证 充分性. 设 $n = p$ 是一个素数，则 $\overline{0}, \overline{1} \in Z_p$. 对任意的 $\overline{k} \in Z_p^*$, 因为 $(k, p) = 1$, 存在 $u, v \in Z$ 使得 $uk + vp = 1$, 于是 $\overline{u}\,\overline{k} = \overline{1}$, 所以 $\overline{k}^{-1} = \overline{u}$, 即对于任意的非零元 $\overline{k} \in Z_p^*$, $\overline{k}$ 都有逆元，所以 Z_p^* 是群，因而 Z_n 是域.

必要性. 反证法. 若 n 不是素数，设 $n = n_1 n_2$, $n_1 \neq 1$, $n_2 \neq 1$, 则 $\overline{n_1} \cdot \overline{n_2} = \overline{0}$ 且 $\overline{n_1} \neq \overline{0}$, $\overline{n_2} \neq \overline{0}$, 所以 $\overline{n_1}, \overline{n_2}$ 是零因子，与 Z_n 是域矛盾.

定义 3.3 设 $(R, +, \cdot)$ 是一个环（体，域）. S 是 R 的一个非空子集，如果 $(S, +, \cdot)$ 也构成一个环（体，域），则称 S 是 R 的子环（子体，子域），R 是 S 的一个扩环（扩体，扩域）.

（0）和 R 本身是 R 的子环，称为平凡子环．设 $T_n(C)$ 是所有 $n(n>1)$ 阶上三角复矩阵的集合，则 $T_n(C)$ 是 $M_n(C)$ 的非交换子环．

定义 3.4 设 $(R,+,\cdot)$ 是一个环．I 是 R 的一个子环，如果对于任意的 $a\in R$ 和 $x\in I$ 都有 $ax\in I$ 和 $xa\in I$，则称 I 是 R 的一个理想（ideal）．

（0）和 R 本身是 R 的理想，称为**平凡理想**，其余理想称为**非平凡理想**．不等于 R 的理想称为 R 的**真理想**．

设 S 是环 R 的一个非空子集，称 R 中所有包含 S 的理想的交为**由 S 生成的理想**，记作 (S)．它是包含 S 的最小理想．S 称为 (S) 的生成元集．若 S 是一个有限集 $S=\{a_1,a_2,\cdots,a_n\}$，则称 (S) 是有限生成的，并且把 (S) 记作 $(a_1,a_2,\cdots,a_n)$．由一个元素生成的理想 (a) 叫做**主理想**（principal ideal）．如果 R 是幺环，则

$$(S)=\left\{\sum_{\text{有限和}}a_is_ib_i\,\middle|\,s_i\in S,\ a_i,b_i\in R\right\}.$$

若 R 是交换幺环，则 $(S)=\left\{\sum\limits_{\text{有限和}}a_is_i\,\middle|\,s_i\in S,\ a_i\in R\right\}$，$(a)=\{ra\,|\,r\in R\}$．

设 $a_1,a_2,\cdots,a_n\in R$，则

$$(a,a_2,\cdots,a_n)=(a_1)+(a_2)+\cdots+(a_n).$$

设 I,J 是环 R 的理想．定义

$$I+J=\{i+j\,|\,i\in I,j\in J\}$$

叫做理想 I 和 J 的和，这是 R 中同时包含 I 和 J 的最小理想．设 I,J 是环 R 的理想，定义

$$IJ=\left\{\text{有限和}\sum_i a_ib_i\,\middle|\,a_i\in I,b_i\in J\right\}$$

叫做理想 I 和 J 的积．

一般有，$IJ\subseteq I\cap J\subseteq I+J$．

如果 $I+J=R$，则称 I 与 J 互素（coprime）．

如果两个正整数 m,n 互素，则作为整数环 Z 的理想，(m) 与 (n) 互素．

例 3.5 设 R 是交换幺环，I,J,K 是 R 的理想，如果 I 和 J 都与 K 互素，则 IJ 与 K 互素．若 I 与 J 互素，则 $IJ=I\cap J$．

设 I,J 是交换环 R 的两个理想，定义 I 对于 J 的商为

$$(I:J)=\{x\in R\,|\,xJ\subseteq I\},$$

其中 $xJ=\{xb\,|\,b\in J\}$．易知 $(I:J)$ 是 R 的理想．特别地，

$$(0:J)=\{x\in R\,|\,xJ=(0)\}=\{x\in R\,|\,xb=0,\ \text{对每个}\ b\in J\}$$

叫做 J 的**零化理想**，记作 Ann (J)．对于 R 的元素 a，a 的零化理想即指主理想 $(a)=Ra$ 的零化理想，记作 Ann(a)．如果 Ann$(a)\neq 0$，则 a 是 R 的零因子．

交换环 R 中理想的和、交、积运算满足交换律与结合律，且有如下的分配律：

$$I(J+K)=IJ+IK.$$

2. 商环与环的同态

设 R 是环，I 是 R 的一个理想，则 I 是加群（R，$+$）的正规子群，R 对于 I 的加法商群为

$$R/I = \{ a + I \mid a \in R \} ,$$

记 $\bar{a} = a + I$. 在 R/I 上定义二元运算

$$\bar{a} + \bar{b} = \overline{a + b}, \quad \bar{a} \cdot \bar{b} = \overline{ab}$$

则（R/I，$+$，$\cdot$）是环，称作 R 关于 I 的**剩余类环**或**商环**.

定义 3.5 设 R 和 R' 是环，1 和 1′ 分别是 R 和 R' 的单位元. 若 R 到 R' 的映射 φ 满足：对任意的 a，$b \in R$，有

$$\varphi(a + b) = \varphi(a) + \varphi(b) ;$$
$$\varphi(ab) = \varphi(a)\varphi(b) ;$$
$$\varphi(1) = 1'.$$

则称 φ 是 R 到 R' 的一个**同态**（对于没有单位元的环，不要求第三个公式）. 如果 φ 是单射、满射或者双射，则称 φ 是单同态、满同态或者同构. R 与 R' 同构记作 $R \cong R'$.

例 3.6 （1）设 R 和 R' 是两个环，定义映射 ϕ 满足对任意的 $a \in R$，$\phi(a) = 0' \in R'$，则 ϕ 是一个 R 到 R' 的同态，同态像为 $\phi(R) = \{0'\}$，称为零同态.

（2）如果 G 是一无限循环群，则 $\mathrm{End}(G) \cong Z$. 如果 G 是一个 n 阶循环群，则 $\mathrm{End}(G) \cong Z_n$.

定义 3.6 设 φ 是 R 到 R' 的一个同态，则 R' 的零元 0′ 的原像集合称为 φ 的同态**核**，记作 $\mathrm{Ker}\, \varphi$，即

$$\mathrm{Ker}\, \varphi = \{ x \in R \mid \varphi(x) = 0' \}.$$

$\mathrm{Ker}\, \varphi$ 是 R 的理想，且 φ 是单同态当且仅当 $\mathrm{Ker}\varphi = \{0'\}$. $\varphi(R)$ 称为 R 的像，记作 $\mathrm{im}\, \varphi$. $\mathrm{im}\varphi$ 是 R' 的子环.

定理 3.2（同态基本定理） 设 φ 是 R 到 R' 的一个满同态，$K = \mathrm{Ker}\varphi$，则 $R/K \cong R'$，且 $a + K \mapsto \varphi(a)$ 是 R/K 到 R' 的一个同构.

定义 3.7 设 I 是 R 的一个理想，a，$b \in R$，如果 $a - b \in I$，则称 a，b 模 I 同余，记作 $a \equiv b (\mathrm{mod}\, I)$.

容易看出，如果 $a \equiv b (\mathrm{mod}\, I)$，$c \equiv d (\mathrm{mod}\, I)$，则 $a + c \equiv b + d (\mathrm{mod}\, I)$，$ca \equiv cb (\mathrm{mod}\, I)$，$ac \equiv bd (\mathrm{mod}\, I)$.

设 R_1，R_2，$\cdots$，R_n 都是环，做 R_1，R_2，$\cdots$，R_n 的加法群的直和 $R_1 \oplus R_2 \oplus \cdots \oplus R_n$，在这个直和中定义乘法运算如下：

$$(a_1, a_2, \cdots, a_n) \cdot (b_1, b_2, \cdots, b_n) \triangleq (a_1 b_1, a_2 b_2, \cdots, a_n b_n),$$

显然这样定义的乘法满足结合律和左、右分配律，因此 $R_1 \oplus R_2 \oplus \cdots \oplus R_n$ 成为一个

环, 称它为环 R_1, R_2, $\cdots$, R_n 的直和. 它的零元素是 $(0, 0, \cdots, 0)$. 如果每个环 R_i 都有单位元 $1_i(i=1, 2, \cdots, n)$, 则 $R_1 \oplus R_2 \oplus \cdots \oplus R_n$ 有单位元 $(1_1, 1_2, \cdots, 1_n)$. 如果每个环 R_i 都是交换环, 则 $R_1 \oplus R_2 \oplus \cdots \oplus R_n$ 是交换环.

定理 3.3 设 R 是有单位元 $1 \neq 0$ 的交换环, 它的理想 I_1, I_2, $\cdots$, I_n 两两互素, 则
$$R/I_1 \cap I_2 \cap \cdots \cap I_n \cong R/I_1 \oplus R/I_2 \oplus \cdots \oplus R/I_n.$$

证 定义映射
$$\varphi: R \to R/I_1 \oplus R/I_2 \oplus \cdots \oplus R/I_n,$$
$$x \mapsto (x+I_1, x+I_2, \cdots, x+I_s),$$
则 $\varphi(x+y) = \varphi(x) + \varphi(y)$ 且 $\varphi(xy) = \varphi(x)\varphi(y)$, $\varphi(1) = (1+I_1, 1+I_2, \cdots, 1+I_n)$. 因此 φ 是环 R 到 $R/I_1 \oplus R/I_2 \oplus \cdots \oplus R/I_n$ 的一个同态. 下面计算同态的核.
$$a \in \mathrm{Ker}\varphi \Leftrightarrow \varphi(a) = (0+I_1, 0+I_2, \cdots, 0+I_n),$$
$$\Leftrightarrow a+I_j = 0+I_j, j=1,2,\cdots,n,$$
$$\Leftrightarrow a \in I_j, j=1,2,\cdots,n,$$
$$\Leftrightarrow a \in I_1 \cap I_2 \cap \cdots \cap I_n.$$

因此 $\mathrm{Ker}\varphi = I_1 \cap I_2 \cap \cdots \cap I_n$. 由环的同态基本定理得
$$R/I_1 \cap I_2 \cap \cdots \cap I_n \cong \mathrm{Im}\varphi.$$

下面来证 φ 是满射. 任取 $(b_1+I_1, b_2+I_2, \cdots, b_n+I_n) \in R/I_1 \oplus R/I_2 \oplus \cdots \oplus R/I_n$, 要证存在 $a \in R$ 满足 $\varphi(a) = (b_1+I_1, b_2+I_2, \cdots, b_n+I_n)$, 即 $a+I_j = b_j+I_j$, 进而 $a - b_j \in I_j$, 即 $a \equiv b_j (\mathrm{mod}\ I_j)$, $j=1, 2, \cdots, n$. 由于 I_1, I_2, $\cdots$, I_n 两两互素, 由前面的例 3.10, 对任意的 $j=1, 2, \cdots, n$, I_j 与 $I_1 \cdots I_{j-1} I_{j+1} \cdots I_n$ 互素, 从而
$$I_j + I_1 \cdots I_{j-1} I_{j+1} \cdots I_n = R.$$
于是存在 $d_j \in I_j$, $e_j \in I_1 \cdots I_{j-1} I_{j+1} \cdots I_n$, 使得
$$d_j + e_j = 1.$$
由于 $d_j = d_j - 0 \in I_j$, 因此 $d_j \equiv 0 (\mathrm{mod}\ I_j)$. 因此对 $s \neq j$, 有
$$e_j \equiv 1 (\mathrm{mod}\ I_j).$$
由于
$$e_j \in I_1 \cdots I_{j-1} I_{j+1} \cdots I_n \subseteq I_1 \cap \cdots \cap I_{j-1} \cap I_{j+1} \cap \cdots \cap I_n \subseteq I_s,$$
因此
$$e_j \equiv 0 (\mathrm{mod}\ I_s), \quad s = 1, \cdots, j-1, j+1, \cdots, n.$$
令 $a = \sum_{k=1}^{n} b_k e_k$, 则
$$a \equiv b_j (\mathrm{mod}\ I_j), j=1,2,\cdots,n.$$
因此 φ 是满射, 从而
$$R/I_1 \cap I_2 \cap \cdots \cap I_n \cong R/I_1 \oplus R/I_2 \oplus \cdots \oplus R/I_n.$$

定理 3.4 (中国剩余定理) 设 R 是有单位元 $1 \neq 0$ 的交换环, 它的理想 I_1, I_2, $\cdots$,

I_n 两两互素, 则对于任意给定的 n 个元素 b_1, b_2, $\cdots$, $b_n \in R$, 同余方程组

$$\begin{cases} x \equiv b_1 (\bmod I_1), \\ x \equiv b_2 (\bmod I_2), \\ \qquad \vdots \\ x \equiv b_n (\bmod I_n). \end{cases}$$

在 R 内有解. 并且如果 a, c 是两个解, 则

$$a \equiv c (\bmod I_1 \cap I_2 \cap \cdots \cap I_n).$$

证 由上述定理的证明过程知同余方程组在 R 内有解. 现设 a, c 是两个解, 则 $a \equiv c (\bmod I_j)$, $j = 1, 2, \cdots, n$, 即 $a - c \in I_j$, $j = 1, 2, \cdots, n$, 因此 $a - c \in I_1 \cap I_2 \cap \cdots \cap I_n$. 于是

$$a \equiv c (\bmod I_1 \cap I_2 \cap \cdots \cap I_n).$$

3. 素理想和极大理想

定义 3.8 设 R 是环. 称 R 的真理想 P 为 R 的**素理想**, 如果它满足: 对任意的 a, $b \in R$, 若 $ab \in P$, 则 $a \in P$ 或者 $b \in P$.

定义 3.9 设 R 是环. 称 R 的真理想 M 为 R 的**极大理想**, 如果它满足: 对 R 的任意一个理想 A, 若 $M \subseteq A \subseteq R$, 则 $A = M$ 或者 $A = R$.

定理 3.5 设 R 是交换幺环, I 是 R 的理想, 则

(1) I 为 R 的素理想 $\Leftrightarrow R/I$ 是整环;

(2) I 为 R 的极大理想 $\Leftrightarrow R/I$ 是域. 因此极大理想是素理想.

证 (1) 若 I 为 R 的素理想, 则 $I \neq R$, 从而 R/I 不是零环. 设 $\bar{x}$, $\bar{y} \in R/I$, 且 $\bar{x} \cdot \bar{y} = \bar{0} \in R/I$, 则 $xy = \bar{0}$, 从而 $xy \in I$. 由于 I 是素理想, 所以 $x \in I$ 或者 $y \in I$, 即 $\bar{x} = \bar{0}$ 或者 $\bar{y} = \bar{0}$, 于是 R/I 是整环. 反过来, 如果 R/I 是整环, 则 $R/I \neq (0)$, 即 $I \neq R$. 如果 x, $y \in R$, $xy \in I$, 则 $\bar{x} \cdot \bar{y} = xy = \bar{0} \in R/I$, 由于 R/I 是整环, 从而 $\bar{x} = \bar{0}$ 或者 $\bar{y} = \bar{0}$, 即 $x \in I$ 或者 $y \in I$, 这表明 I 是 R 的素理想.

(2) 设 I 是 R 的极大理想, 则 $R/I \neq (0)$, 且对任意的 $\bar{x} \in R/I$, $\bar{x} \neq \bar{0}$, 有 $x \notin I$. 于是由 x 和 I 生成的理想 $Rx + I$ 大于 I. 由 I 的极大性可知 $Rx + I = R$. 因为 $1 \in R$, 从而存在 $r \in R$, $a \in I$, 使得 $xr + a = 1$. 因此

$$\bar{x} \cdot \bar{r} = \overline{xr} = \overline{1 - a} = \bar{1} - \bar{a} = \bar{1} - \bar{0} = \bar{1} \in R/I.$$

这表明非零商环 R/I 中每个非零元均有乘法逆, 于是 R/I 是域. 反过来, 如果 R/I 是域, 则 $R/I \neq (0)$, 即 $I \neq R$. 假设 J 为 R 的理想且 $I \subseteq J \subseteq R$. 如果 $I \neq J$, 则存在 $x \in J$, $x \notin I$. 从而在 R/I 中, $\bar{x} \neq \bar{0}$. 由于 R/I 是域, 于是有 $r \in R$ 使得 $\overline{xr} = \bar{1}$, 即 $xr - 1 \in I$. 于是 $1 \in xr + I \subseteq xR + I \subseteq J$. 这表明 $J = R$. 从而 I 是 R 的极大理想.

由上述定理可知, (0) 为环 R 的素理想, 则 R 为整环. (0) 为环 R 的极大理想, 则

R 为域.

定义 3.10 设 R 为一整环. 域 F 叫做 R 的**分式域**或**商域**, 如果 R 和 F 满足

(1) R 是 F 的子环;

(2) F 的每个元素 a 都可以表成 R 中两个元素的商 $a = \dfrac{b}{c} = bc^{-1}$, $c \neq 0$.

定理 3.6 每个整环都存在分式域, 且在同构意义下分式域是唯一的.

证 设 R 是一整环, 令

$$T = R \times R^* = \{(a,b) \mid a \in R, b \in R^* \}.$$

在集合 T 上定义一个关系 ~ 如下:

$$(a,b) \sim (c,d) \Leftrightarrow ad = bc.$$

则 ~ 是 T 上的一个等价关系. 把 (a, b) 所在的等价类记作 $\overline{(a,b)}$. 实际上此处的 (a, b) 相当于 (由整数环出发构造有理数域时的) 分数 $\dfrac{a}{b}$, $\overline{(a,b)}$ 就相当于数值等于 $\dfrac{a}{b}$ 的所有分数. 为了形式化, 下面用 $\dfrac{a}{b}$ 表示等价类 $\overline{(a,b)}$, 于是

$$\frac{a}{b} = \frac{c}{d} \Leftrightarrow ad = bc.$$

用 F 表示等价类的集合 $T/\sim$. 在 F 中定义加法和乘法:

$$\frac{a}{b} + \frac{c}{d} = \frac{ad+bc}{bd}, \quad \frac{a}{b} \cdot \frac{c}{d} = \frac{ac}{bd}.$$

易知加法和乘法的定义与等价类的代表元的选取无关, 因此定义是合理的. 零元 $\dfrac{0}{b}$ 记作 0, 单位元 $\dfrac{b}{b}$ 记作 1. $\dfrac{a}{b}$ 的负元是 $\dfrac{-a}{b}$, 如果 $\dfrac{a}{b} \neq 0$, 那么 $\dfrac{a}{b} \cdot \dfrac{b}{a} = 1$.

因此 F 是域. 令

$$\sigma: R \to F, \quad a \mapsto \frac{a}{1},$$

则 σ 是 R 到 F 的一个单同态, 于是 R 可看成 F 的子环, 因此 F 是 R 的分式域.

如果 F, F' 都是 R 的分式域, 则存在 R 到 F 的一个单同态 σ 和 R 到 F' 的一个单同态 σ'. 定义 F 到 F' 的一个映射 ψ 使得 $\psi(\sigma(a)\sigma(b)^{-1}) = \sigma'(a)\delta'(b)^{-1}$, 可验证 ψ 是 F 到 F' 的一个同构. 因此, 有时也把与 R 的分式域同构的域称为 R 的分式域.

分式域的概念可做下面的一般化推广.

设 R 是交换幺环, S 是 R 的非空子集, $1 \in S$. 如果对于任意的 s, $s' \in S$, 都有 $ss' \in S$, 则称 S 是 R 的一个乘法封闭子集. 在集合 $R \times S$ 上定义二元关系 ~ 如下:

$$(r,s) \sim (r',s') \Leftrightarrow 存在 u \in S, 使得 u(rs' - r's) = 0, 其中 r, r' \in R, s, s' \in S.$$

不难验证 ~ 是等价关系. 把 (r, s) 的等价类记作 $\dfrac{r}{s}$, 在等价类集合 $R \times S/\sim$ 上定义

加法、乘法如下:

$$\frac{r}{s}+\frac{r'}{s'}=\frac{rs'+r's}{ss'}, \quad \frac{r}{s}\cdot\frac{r'}{s'}=\frac{rr'}{ss'},$$

则此二运算的定义是合理的,$R\times S/\sim$ 在这样的加法、乘法下构成一个交换幺环,称为 R 关于 S 的**分式环**,记作 $S^{-1}R$. $\frac{1}{1}$,$\frac{0}{1}$ 分别是 $S^{-1}R$ 的单位元和零元. 映射 $\varphi\colon R\to S^{-1}R$, $r\mapsto\frac{r}{1}$,$r\in R$ 是环的同态,但通常这不是单同态,即 $\mathrm{Ker}\varphi$ 不一定为 0. 实际上,可证 $\mathrm{Ker}\varphi=\{a\in R\mid$ 存在 $s\in S$ 使得 $sa=0\}$. 因此,φ 是单同态当且仅当 S 中没有元素是 R 的零因子且 $0\notin S$. 此时,可把 R 看作 $R\times S/\sim$ 的子环.

如果 R 是整环,取 $S=R-\{0\}$,则 $S^{-1}R$ 就是 R 的分式域. 最常用的分式化有两种,一种是取 $S=R-P$,其中 P 是 R 的一个素理想. 这时 $S^{-1}R$ 通常记为 R_P. 另一种是取 $S=\{f^n\mid n\in Z,\ n\geq0\}$,$f$ 不是 R 的零因子. 这时 $S^{-1}R$ 通常记为 $f^{-1}R$.

定义 3.11 设 F 是一个域,e 是它的单位元. 如果存在正整数 n 使得 $ne=0$,那么使得 $ne=0$ 的最小的正整数 n 叫做域 F 的**特征**,或说 F 是特征 n 的域. 如果对于任意的正整数 n,都有 $ne\neq0$,则称域 F 的特征为 0,或说 F 是特征 0 的域

定理 3.7 设 F 是域. 则 F 的特征或者是 0 或者是一个素数 p.

域 Q,R,C 都是特征 0 的域,而对于一个素数 p,Z_p 是特征 p 的域. 有限域的特征一定是素数.

设 R 是整环,K 是 R 的分式域. 如果对于 K 中每个非零元素 a,a 和 a^{-1} 至少有一个属于 R,则称 R 是赋值环.

每个域都是赋值环. 域上的一元形式幂级数环是赋值环. 若 R 是赋值环,则 R 的非可逆元构成 R 的唯一极大理想.

若 R 是赋值环,K 是 R 的分式域,R' 为环且 $R\subseteq R'\subseteq K$,则 R' 也是赋值环. 域 K 上的一个离散赋值是指一个映射,

$$v\colon K^*\to Z,$$

并且满足以下两个条件:对于 x,$y\in K$

(1) $v(xy)=v(x)+v(y)$;

(2) $v(x+y)\geq\min(v(x),v(y))$.

条件(1)表明 v 是域 K 的乘法群 K^* 到加法群 Z 的同态,因此 $v(1)=0$,$v(x^{-1})=-v(x)$. 如果规定 $v(0)=+\infty$,则映射可扩充为 $v\colon K\to Z\cup\{+\infty\}$,如果再规定 $(+\infty)+n=n+(+\infty)=(+\infty)+(+\infty)=+\infty$,$+\infty>n$(对每个整数 n),则扩充后的映射 v 仍满足定义中的条件(1)和条件(2). 不难验证 $\{x\in K\mid v(x)\geq0\}$ 是赋值环.

整环 R 叫做离散赋值环,是指 R 的商域 K 存在离散赋值 v,使得 $R=\{x\in K\mid v(x)\geq0\}$.

4. 多项式环

设 R 是交换幺环，R' 是 R 的扩环，交换且与 R 有相同的单位元. 任取 $u \in R'$，定义
$$R[u] = \{a_0 + a_1 u + \cdots + a_n u^n \mid a_i \in R, n \geq 0\},$$
则 $R[u]$ 是 R' 的子环，它是 R' 中所有包含 R 和 u 的子环的交，即是 R' 中包含 R 和 u 的最小子环. 如果 $a_0 + a_1 u + \cdots + a_n u^n = 0$，则称它是 u 在 R 上的一个**代数关系**. 显然 0 是 u 在 R 上的一个代数关系，称为平凡代数关系.

一般的，设 S 为 R' 的一个非空子集，R' 中所有包含 R 和 S 的子环的交记作 $R[S]$，它是 R' 中包含 R 和 S 的最小子环，称为 S **在 R 上生成的环**，或在 R 上添加 S 得到的环. 显然 $R[S]$ 是一切有限和
$$\sum_{i_1, i_2, \cdots, i_n \geq 0} a_{i_1, i_2, \cdots, i_n} \alpha_1^{i_1} \alpha_2^{i_2} \cdots \alpha_n^{i_n}, a_{i_1, i_2, \cdots, i_n} \in R, \alpha_1, \cdots, \alpha_n \in S$$
组成的集合.

设 R 是交换幺环，称 x 是 R 上的**未定元**或**超越元**，如果 x 是 R 的某一扩环 R' 中的元素，对任意的非负整数 n，任意的 $a_i \in R$，$0 \leq i \leq n$（这些 a_i 可看作是 R' 中的元素），$a_0 + a_1 x + a_2 x^2 + \cdots + a_n x^n = 0$ 当且仅当所有的 $a_i = 0$.

当取定一个未定元 x 后，形如 $a_i x^i$（$a_i \in R$，i 是非负整数）的式子叫做系数在 R 中关于 x 的单项式. 有限个系数在 R 中的单项式（其中 n 是任意非负整数）
$$a_0 x^0, \ a_1 x^1, \ a_2 x^2, \ \cdots, \ a_n x^n$$
的形式和
$$a_0 x^0 + a_1 x^1 + a_2 x^2 + \cdots + a_n x^n$$
叫做系数在 R 中关于未定元 x 的多项式，简称为 R 上 x 的**多项式**.

在上述多项式中，$a_i x^i$ 叫做它的 i 次项，a_i 叫做它的 i 次项系数，a_i 可以等于 0. 约定 $x^0 = 1$，并将 x^1 记作 x，那么上述多项式可写成
$$a_0 + a_1 x + a_2 x^2 + \cdots + a_n x^n.$$
我们通常使用记号 $f(x)$，$g(x)$，$f_i(x)$…等来表示多项式.

设 $f(x)$ 和 $g(x)$ 是 R 上的两个多项式，如果它们同次项的系数都相等，则称 $f(x)$ 和 $g(x)$ 相等. 不计系数为零的项，R 上的多项式可唯一地写成
$$f(x) = a_0 + a_1 x + a_2 x^2 + \cdots + a_n x^n, \ a_i \in R, \ i = 0, 1, \cdots, n.$$
设多项式
$$f(x) = a_0 + a_1 x + a_2 x^2 + \cdots + a_n x^n = \sum_{i=0}^{n} a_i x^i,$$
如果 $a_n \neq 0$，则称 $f(x)$ 是 n 次多项式或 $f(x)$ 的次数为 n，记作 $\deg f(x) = n$. 称 a_n 是 $f(x)$ 的首项系数. 如果 $a_n = 1$，则称 $f(x)$ 为**首一多项式**. 如果 $\deg f(x) = 0$，则称 $f(x)$ 为常数

多项式，此时 $f(x) = a_0 \in R$. 如果 $f(x)$ 的所有系数都是 0，就说 $f(x)$ 是零多项式，仍用 0 来表示它，并规定 $\deg 0 = -\infty$.

用 $R[x]$ 表示 R 上关于 x 的多项式的全体所组成的集合. 设 $f(x)$ 和 $g(x)$ 是 $R[x]$ 中任意两个多项式，

$$f(x) = \sum_{i=0}^{n} a_i x^i, \quad g(x) = \sum_{i=0}^{m} b_i x^i.$$

令 $M = \max\{n, m\}$. 如果 $n < M$，令 $a_{n+1} = a_{n+2} = \cdots = a_M = 0$. 如果 $m < M$，令 $b_{m+1} = b_{m+2} = \cdots = b_M = 0$. 定义 $f(x)$ 与 $g(x)$ 的加法为

$$f(x) + g(x) = \sum_{i=0}^{M} (a_i + b_i) x^i.$$

$f(x)$ 和 $g(x)$ 的乘法为

$$f(x) \cdot g(x) = f(x) g(x) = \sum_{i=0}^{m+n} \left(\sum_{j=0}^{i} a_j b_{i-j} \right) x^i.$$

易知 $f(x) + 0 = 0 + f(x) = f(x)$，$f(x) \cdot 1 = 1 \cdot f(x) = f(x)$.

$R[x]$ 对于上述两种运算构成一个含有单位元 1 的环，称之为 R 上关于 x 的**一元多项式环**. 如果 R 是交换环，则 $R[x]$ 是交换环. 如果 R 是整环，则 $R[x]$ 是整环，且 $R[x]$ 的单位群与 R 的单位群相等.

设 R，S 是环，它们的单位元都写作 1，σ 是 R 到 S 的一个同态，$\sigma(1) = 1$. 对任意的 $u \in S$，作映射

$$\sigma_u : R[x] \to S, \quad a_0 + a_1 x + \cdots + a_n x^n \mapsto \sigma(a_0) + \sigma(a_1) u + \cdots + \sigma(a_n) u^n,$$

则对任意的 $a \in R$，$\sigma_u(a) = \sigma(a)$，σ_u 是 σ 在 $R[x]$ 上的一个开拓，而且 $\sigma_u(x) = u$. σ_u 由 σ 和 x 的像唯一确定，因此满足 $\sigma_u(x) = u$ 的开拓是唯一的. $R[x]$ 在 σ_u 下的像为 $\sigma(R)[u]$. 进一步，若 S 是 R 的扩环，σ 取 R 到 S 的包含映射 $\sigma(a) = a$，$a \in R$. 任取 $u \in S$，则上述 σ_u 限制在 R 上是恒等映射，设 $\mathrm{Ker}\,\sigma_u = I$，则有

$$R[u] \cong R[x]/I, \quad I \cap R = \{0\}.$$

多项式 $f(x) \in I$ 的充要条件是 $f(u) = 0$，因此，I 是 u 在 R 上的代数关系的总和.

上面叙述也说明，环上由一个元素生成的环总是多项式环的同态像. 若 $I = 0$，u 在 R 上只有平凡的代数关系，此时，对 $R[x]$ 中的任意非零多项式 $f(x)$，$f(u) \neq 0$，因此 u 是 R 上的超越元. 若 $I \neq 0$，则 I 中包含一个非零多项式 $f(x)$ 使得 $f(u) = 0$，称 u 在 R 上是代数的，或称 u 是 R 上的代数元.

设 R 是交换幺环，则 R 上的未定元一定存在，因此 R 上的一元多项式环一定存在. 令

$$R' = \{(a_0, a_1, a_2, \cdots) \mid a_i \in R, i = 0, 1, 2, \cdots, \text{仅有有限个 } a_i \neq 0\},$$

且规定

$$(a_0, a_1, a_2, \cdots) = (b_0, b_1, b_2, \cdots) \Longleftrightarrow a_i = b_i, \quad i = 0, 1, 2, \cdots.$$

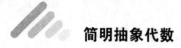

定义 R' 上的两个二元运算 $+$ 和 $\cdot$ 如下:
$$(a_0,a_1,a_2,\cdots) + (b_0,b_1,b_2,\cdots) = (a_0 + b_0, a_1 + b_1, a_2 + b_2, \cdots),$$
$$(a_0,a_1,a_2,\cdots) \cdot (b_0,b_1,b_2,\cdots) = (c_0,c_1,c_2,\cdots),$$
其中
$$c_n = \sum_{i+j=n} a_i b_j, \; n = 0,1,2,\cdots.$$
则 $(R', +, \cdot)$ 构成交换幺环. 其零元和单位元分别是 $(0, 0, \cdots, 0, \cdots)$ 和 $(1, 0, \cdots, 0, \cdots)$. 令 $R_0 = \{(a_0, 0, 0, \cdots) \mid a_0 \in R\}$, 则 R_0 是 R' 的子环, 且 $(1, 0, \cdots, 0, \cdots) \in R_0$. 作映射
$$\varphi: R \to R_0, \; a \mapsto (a,0,0,\cdots)$$
则 φ 为一同构. 从而可将 R 中任一元 a 与 $(a, 0, 0, \cdots)$ 等同, R 与 R_0 等同, 则 R' 是 R 的扩环. 令 $x = (0, 1, \cdots, 0, \cdots)$, 则
$$x^i = (\overbrace{0,\cdots,0}^{i \uparrow 0},1,0,\cdots),$$
$$a_i x^i = (\overbrace{0,\cdots,0}^{i \uparrow 0},a_i,0,\cdots), \; a_i \in R$$
因此
$$a_0 + a_1 x + a_2 x^2 + \cdots + a_n x^n = (a_0, a_1, \cdots, a_n, 0, 0, \cdots).$$
于是
$$a_0 + a_1 x + a_2 x^2 + \cdots + a_n x^n = (0,0,0,\cdots) \Leftrightarrow a_i = 0, \; 0 \leqslant i \leqslant n.$$
因此, $(0, 1, \cdots, 0, \cdots)$ 是 R 上的未定元. 进一步, 还有 $R' = R[x]$. R 上的一元多项式环在同构意义下是唯一的.

设 R 是一个有单位元的整环, $f(x)$ 和 $g(x)$ 是 R 上的任意两个多项式, $g(x) \neq 0$. 如果存在一个多项式 $q(x) \in R[x]$ 使得
$$f(x) = q(x)g(x)$$
成立, 则称 $g(x)$ 整除 $f(x)$ 或者说 $f(x)$ 可以被 $g(x)$ 整除, 记作 $g(x) \mid f(x)$. 此时, $g(x)$ 叫做 $f(x)$ 的因式, $f(x)$ 叫做 $g(x)$ 的倍式. 因式中的非零常数多项式和多项式本身叫做该多项式的平凡因式.

下述定理和推论的证明与数域上的情况完全一样, 留给读者自己完成.

定理 3.8 (辗转相除法) 设 R 为一有单位元的整环, $f(x)$, $g(x) \in R[x]$, $g(x) \neq 0$, $g(x)$ 的首项系数为单位 (可逆元), 则存在唯一的 $q(x)$, $r(x) \in R[x]$ 使得
$$f(x) = q(x) \cdot g(x) + r(x), \; \deg r(x) < \deg g(x).$$

推论 3.1 (余数定理) 设 $f(x) \in R[x]$, $c \in R$, 则 $f(x)$ 可表成
$$f(x) = q(x) \cdot (x - c) + f(c).$$

推论 3.2 (因式定理) 设 $f(x) \in R[x]$, $c \in R$, 则
$$(x - c) \mid f(x) \Leftrightarrow f(c) = 0.$$

推论 3.3 设 $f(x) \in R[x]$，$\deg f(x) = n \geq 0$，则 $f(x)$ 在 R 内最多有 n 个不同的根.

设 F 为域，$F[x]$ 为一元多项式环，$f(x) \in F[x]$ 为一个次数 ≥ 1 的多项式，称 $f(x)$ **不可约**，如果 $f(x)$ 不能分解为两个次数较低的正次数多项式的乘积. 易知下列叙述等价:

(1) $f(x)$ 不可约;

(2) 理想 $(f(x))$ 为极大理想;

(3) 理想 $(f(x))$ 为素理想;

(4) $F[x]/(f(x))$ 为整环;

(5) $F[x]/(f(x))$ 为域.

有了一元多项式环，可以定义二元多项式环为一元多项式环上的一元多项式环，交换幺环 R 上以 x_1，$\cdots$，x_n 为未定元的 n 元多项式环记为 $R[x_1, \cdots, x_n]$，归纳地定义 $R[x_1, \cdots, x_n] = R[x_1, \cdots, x_{n-1}][x_n]$，它由所有的和

$$\sum_{a_1, a_2, \cdots, a_n \geq 0} c_{a_1, a_2, \cdots, a_n} x_1^{a_1} x_2^{a_2} \cdots x_n^{a_n}, \quad c_{a_1, a_2, \cdots, a_n} \in R, \quad a_i \in \mathbb{N}$$

组成. 显然 $R[x_1, \cdots, x_n] = R[x_1][x_2] \cdots [x_n] = R[x_2][x_1] \cdots [x_n]$，即与未定元的次序无关.

如果 R 是整环，则 $R[x_1, \cdots, x_n]$ 也是整环.

项 $c_{a_1, a_2, \cdots, a_n} x_1^{a_1} x_2^{a_2} \cdots x_n^{a_n}$ 的次数就是各项指数的和 $\sum_{i=1}^{n} a_i$. 一个非零多项式的次数就是其中不为零的项的最大次数. 一个多项式称为齐次的，如果它各项的系数都相同. 齐次多项式的乘积还是齐次多项式. 非齐次多项式可以唯一地写成它的齐次部分的和. $R[x_1, \cdots, x_n]$ 中的一个多项式，如果在未定元 x_1，$\cdots$，x_n 的任一置换之下都变为自身，则称其为关于 x_1，$\cdots$，x_n 的一个**对称多项式**. 设 $G = S_n$，对任意的 $\sigma \in G$，令 $(\sigma f)(x_1, \cdots, x_n) = f(x_{\sigma(1)}, \cdots, x_{\sigma(n)})$，则定义了 G 在 $R[x_1, \cdots, x_n]$ 上的作用. 令 $A = R[x_1, \cdots, x_n]$，则

$$A^G = \{f \in A \mid \sigma f = f, \ \forall \sigma \in G\}$$

就是所有对称多项式的集合.

引入一个新的未定元 x，令

$$f(x) = \prod_{i=1}^{n}(x - x_i) = x^n - \sigma_1 x^{n-1} + \sigma_2 x^{n-2} + \cdots + (-1)^n \sigma_n,$$

其中系数

$$\begin{cases} \sigma_1 = x_1 + x_2 + \cdots + x_n, \\ \sigma_2 = x_1 x_2 + x_1 x_3 + \cdots + x_2 x_3 + \cdots + x_{n-1} x_n, \\ \sigma_3 = x_1 x_2 x_3 + x_1 x_2 x_4 + \cdots + x_{n-2} x_{n-1} x_n, \\ \vdots \\ \sigma_n = x_1 x_2 \cdots x_n. \end{cases}$$

是对称多项式, 称为 x_1, x_2, $\cdots$, x_n 的初等对称多项式.

元素 a_1, a_2, $\cdots$, a_n 称为在 R 上代数相关的, 如果存在一个非零的 n 元多项式 $f \in R[x_1, x_2, \cdots, x_n]$ 使得 $f(a_1, a_2, \cdots, a_n) = 0$, 否则称为代数无关.

所谓的**对称多项式基本定理**指的是: 对任意的 $f \in A^G$, 存在唯一的 $\varphi \in A$, 使得 $f = \varphi(\sigma_1, \sigma_2, \cdots, \sigma_n)$. 换言之, 每个对称多项式都可以唯一地表示成初等对称多项式的多项式. 进一步, R 上的初等对称多项式 σ_1, σ_2, $\cdots$, σ_n 在 R 上代数无关.

例如, $x_1^3 + x_2^3 + x_3^3 = \sigma_1^3 - 3\sigma_1\sigma_2 + 3\sigma_3$.

5. 整环的整除性

设 R 为一整环. 对任意的 a, $b \in R$, 如果存在 $c \in R$ 使得 $a = bc$, 则 b 叫做 a 的**因子**, a 叫做 b 的**倍数**, 称 b 能整除 a, 记作 $b \mid a$. 如果 $a \mid b$ 且 $b \mid a$, 则称 a, b **相伴**, 记作 $a \sim b$. 显然相伴是一种等价关系. 若 $b \mid a$ 但 $a \nmid b$, 则称 b 为 a 的**真因子**. 整环 R 中的可逆元称为**单位**. 单位元 1 的所有因子构成的集合 $U = \{u \in R \mid u \mid 1\}$ 恰好是 R 的单位全体构成的乘法群. 令 $Ua = \{ua \mid u \in U\}$. 每个非零元 a 都有两类平凡因子, U 和 Ua.

设元素 a 非零非单位. 若从 $a = bc$ 推出 $b \sim a$ 或 $b \sim 1$, 则称 a 为一个**不可约元**. 设元素 a 非零非单位. 若从 $a \mid bc$ 推出 $a \mid b$ 或 $a \mid c$, 则称 a 为一个**素元**.

一个不可约元 a 除了两类因子 U 和 Ua 外无其他因子.

整数环 Z 的单位群为 $\{\pm 1\}$, 素数是不可约元, 也是素元. 域 F 上的一元多项式环 $F[x]$ 的单位群是 $F^* = F - \{0\}$, 不可约多项式就是不可约元, 同时也是素元.

设 R 为整环, a_1, $\cdots$, a_n, $b \in R$. 如果 $b \mid a_i$, $\forall 1 \leqslant i \leqslant n$, 则称 b 为 a_1, $\cdots$, a_n 的**公因子**. 如果 d 是 a_1, $\cdots$, a_n 的公因子, 且 a_1, $\cdots$, a_n 的任一公因子都整除 d, 则称 d 为 a_1, $\cdots$, a_n 的**最大公因子**, 记作 $d = \gcd(a_1, \cdots, a_n)$ 或 $d = (a_1, \cdots, a_n)$. 相反地, 如果 $a_i \mid b$, $\forall 1 \leqslant i \leqslant n$, 则称 b 为 a_1, $\cdots$, a_n 的**公倍式**. 如果 c 是 a_1, $\cdots$, a_n 的公倍式, 且 c 整除 a_1, $\cdots$, a_n 的任一公倍式, 则称 c 为 a_1, $\cdots$, a_n 的**最小公倍式**, 记作 $c = \text{lcm}(a_1, \cdots, a_n)$ 或 $c = [a_1, \cdots, a_n]$.

注意, d 是 a_1, $\cdots$, a_n 的最大公因子当且仅当与 d 相伴的元素都是 a_1, $\cdots$, a_n 的最大公因子. 一般而言, 整环中一些元素的最大公因子和最小公倍式不一定存在.

在整环 R 中, 任意两个元素不一定存在最大公因子. 诸如令

$$R = Z\sqrt{-5} \triangleq \{a + b\sqrt{-5} \mid a, b \in Z\}.$$

则 $Z\sqrt{-5}$ 是一整环. 对于 $\alpha = a + b\sqrt{-5}$, 规定 $N(\alpha) \triangleq a^2 + 5b^2$, 称 $N(\alpha)$ 是 α 的**范数**. 则 α 是 $Z\sqrt{-5}$ 中的单位当且仅当 $N(\alpha) = 1$. 不难验证 3 和 $2 \pm \sqrt{-5}$ 都是不可约元, 但它们都不是素元. 9 和 $6 + 3\sqrt{-5} \in Z\sqrt{-5}$, 但是它们没有最大公因子. 详细的证明留做习题.

设 R 为一整环，$a \in R$，若 a 是素元，则 a 生成的理想 (a) 是 R 的素理想. 反过来，若 (a) 是 R 的素理想，则 a 是 R 中素元. 素元一定是不可约元，但反过来不一定成立.

如果整环 R 的每一个理想都是主理想，则称 R 是**主理想整环（PID）**.

整数环 Z 和域上的一元多项式环都是主理想整环. 设 F 为域，$F[x]$ 为一元多项式环. I 为 $F[x]$ 的非零理想，在 I 的非零元素中取一个次数最低的多项式 $f(x)$，则由带余除法可知 $I = (f(x))$.

在主理想整环中，素元和不可约元是等价的.

证明如下：设 R 是一主理想整环，$a \in R$ 是一不可约元，故 $(a) \neq 0$. 设 I 为 R 的一个理想且 $(a) \subsetneqq I$. 由于 R 是 PID. 所以存在 $b \in R$ 使得 $I = (b)$，由 $(a) \subsetneqq (b)$ 知 $b \mid a$ 但 $a \nmid b$. 因为 a 不可约，所以 $b \sim 1$，即 $I = R$，所以 (a) 是 R 的极大理想，因而是素理想，于是 a 是素元，即不可约元是素元.

在 PID 中，a 是不可约元当且仅当 (a) 是极大理想.

设 R 为主理想整环，对任意的 a，$b \in R$，若 $(a) + (b) = (d)$，则 d 是 a，b 的一个最大公因子，且存在 u，$v \in R$，使得

$$d = ua + vb.$$

定义 3.12 设 R 为整环，如果存在 R^* 到自然数集的一个映射 d，使得对任意的 a，$b \in R$，$b \neq 0$，存在 q，$r \in R$ 满足 $a = qb + r$，其中 $r = 0$ 或 $r \neq 0$ 但 $d(r) < d(b)$，则 R 叫做一个欧几里得环.

整数环是欧几里得环，对每个非零整数 a 规定 $d(a) = |a|$. 域 F 上一元多项式环是欧几里得环，对每个非零多项式 $f(x)$ 规定 $d(f(x)) = 1 + \deg f(x)$.

设 $Z[\sqrt{-1}] = Z[i] = \{a + bi \mid a, b \in Z\}$，称为**高斯整数环**. $Z[i]$ 是整环，其可逆元是 1，-1，i，$-i$. 对 $a + bi \in G$，令 $N(a + bi) = a^2 + b^2$. 任取 $\alpha = a + bi$，$\beta = c + di$，令 $q = u + wi$，则

$$r = \beta - q\alpha = (a + bi)\left[\left(\frac{ac + bd}{a^2 + b^2} - u\right) + \left(\frac{ad - bc}{a^2 + b^2} - w\right)i\right],$$

因为 $\dfrac{ac + bd}{a^2 + b^2}$，$\dfrac{ad - bc}{a^2 + b^2}$ 是有理数，总可以选择适当的整数 u，w，使 $r = 0$ 或

$$\left|\frac{ac + bd}{a^2 + b^2} - u\right| \leqslant \frac{1}{2}, \quad \left|\frac{ad - bc}{a^2 + b^2} - w\right| \leqslant \frac{1}{2}.$$

注意到 $N(a + bi) = a^2 + b^2 = |a + bi|^2$，所以对任意的 x，$y \in Z[i]$，有 $N(xy) = N(x)N(y)$. 因此，

$$N(r) = N(a + bi)N\left(\left(\frac{ac + bd}{a^2 + b^2} - u\right) + \left(\frac{ad - bc}{a^2 + b^2} - w\right)i\right),$$

$$\leqslant N(a + bi)\left(\frac{1}{4} + \frac{1}{4}\right) < N(a + bi)$$

所以存在 q，$r \in Z[i]$，使得 $\beta = q\alpha + r$，其中 $r = 0$ 或 $N(r) < N(\alpha)$. 因此高斯整数环是欧几里得环.

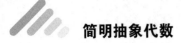

定理 3.9 欧几里得环是主理想整环.

证 设 R 是欧几里得环, I 为 R 的理想. 只要证明 I 是主理想. 若 $I = \{0\}$, 则 I 是主理想. 若 $I \neq \{0\}$, 令 $d(b) = \min\{d(x) \mid x \in I,\ x \neq 0\}$. 对于任一 $a \in I$, 设 $a = qb + r$, $r \in R$, $r = 0$ 或 $d(r) < d(b)$. 因为 $a,\ b \in I$, 所以 $r = a - qb \in I$. 因为 $d(b)$ 最小, 所以 $r = 0$, 即 $a = qb$. 这就证明了 $I \subseteq (b)$. 由于 $(b) \subseteq I$, 因此 $I = (b)$ 是主理想.

定义 3.13 设 R 为一个整环. 如果 R 满足下列两个条件, 则称 R 为**唯一因子分解整环（UFD）**, 也叫高斯整环.

（1）R 的每个非零非单位的元素 a 恒可写成有限个不可约元的积

$$a = p_1 p_2 \cdots p_r.$$

（2）上述分解在相伴意义下是唯一的, 即若元素 a 有两种分解 $a = p_1 p_2 \cdots p_r = q_1 q_2 \cdots q_s$, 则 $r = s$, 且可改换 q_i 的脚标使得

$$q_i \sim p_i,\quad i = 1,\ 2,\ \cdots,\ r.$$

例 3.7 整数环和域上的一元多项式环都是唯一因子分解整环.

引理 3.1 设 R 是整环, 如果 R 中任意两个元素都存在最大公因子, 则对任意的 $a,\ b,\ c \in R$, 有 $(ca, cb) \sim c(a, b)$.

证 $c = 0$ 或 $(a, b) = 0$ 时, 引理成立. 不妨假设 $c \neq 0$, $(a, b) \neq 0$. 令 $d = (a, b)$, $e = (ca, cb)$. 因为 $d \mid a$, $d \mid b$, 因此 $cd \mid ca$, $cd \mid cb$, 从而 $cd \mid e$. 于是存在 $u \in R$ 使得 $e = ucd$, 下证 u 是单位. 因为 $e \mid ca$, 所以存在 $v \in R$ 使得 $ca = ev$, 从而 $ca = uvcd$, 即 $a = uvd$. 同理可得 $b = uv'd$, $v' \in R$. 因此 $ud \mid (a, b)$, 即 $ud \mid d$, 因此存在 $s \in R$ 使得 $d = sud$, 又 $d \neq 0$, 所以 $su = 1$, 从而 u 是单位, 所以 $e \sim cd$.

定理 3.10 设 R 是唯一因子分解整环, 则

（1）R 的每一对元素都有最大公因子;

（2）R 的每一个不可约元都是素元;

（3）因子链条件成立: 即若序列 $a_1,\ a_2,\ a_3,\ \cdots$ 中的每一个 a_i 是 a_{i-1} 的真因子, 则这个序列是有限序列.

证 （1）任取 $a,\ b \in R$, 若 $a = 0$, 则 $b = (0, b)$. 若 a 是单位, 则 $a = (a, b)$. 下设 a, b 均为非零非单位. 因为 R 是唯一因子分解整环, 所以有两两不相伴的不可约元 p_1, p_2, $\cdots$, p_r, 以及单位 u, v, 使得

$$a = u p_1^{\alpha_1} p_2^{\alpha_2} \cdots p_r^{\alpha_r},\quad \alpha_i \geqslant 0,\ 1 \leqslant r,$$

$$b = v p_1^{\beta_1} p_2^{\beta_2} \cdots p_r^{\beta_r},\quad \beta_i \geqslant 0,\ 1 \leqslant r,$$

其中至少有一个 $\alpha_j > 0$, $\beta_k > 0$. 令

$$d = p_1^{\min\{\alpha_1, \beta_1\}} p_2^{\min\{\alpha_2, \beta_2\}} \cdots p_r^{\min\{\alpha_r, \beta_r\}},$$

则 $d \mid a$, $d \mid b$. 如果 c 是 a 与 b 的一个公因子, 则

$$c = u' p_1^{\gamma_1} p_2^{\gamma_2} \cdots p_r^{\gamma_r},\quad \gamma_i \leqslant \min\{\alpha_i,\ \beta_i\},\ 1 \leqslant i \leqslant r.$$

因此 $c \mid d$, 所以 $d = (a, b)$.

（2）设 p 是 R 的不可约元且 $p\mid ab$. 因为 p 不可约，所以没有非平凡因子，因此 $(p,a)\sim p$ 或者 $(p,a)\sim 1$. 如果 $(p,a)\sim p$，则 $p\mid a$. 如果 $(p,a)\sim 1$，则 $(bp,ab)\sim b(p,a)\sim b$. 由于 $p\mid ab$ 且 $p\mid bp$，因此 $p\mid (bp,ab)$，从而 $p\mid b$. 综上，p 是素元.

（3）如果 a_1 是单位，则 a_1 没有真因子，从而序列只有一项. 又有 0 的真因子是非零元，所以可设 $a_1\neq 0$ 且 a_1 不是单位. 从而有互不相伴的不可约元 $p_1,\cdots,p_r$ 使得

$$a_1=p_1^{\alpha_1}\cdots p_r^{\alpha_r},\ \alpha_i>0,\ 1\leqslant i\leqslant r.$$

因为 a_1 的因子必形如 $up_1^{m_1}\cdots p_r^{m_r}$，$0\leqslant m_i\leqslant \alpha_i$，$1\leqslant i\leqslant r$. 对应于 $(m_1,\cdots,m_r)$ 的两种不同取法，所对应的两个因子是不相伴的，因此 a_1 的两两不相伴的因子只有有限多个，从而序列 $a_1,a_2,a_3,\cdots$ 是有限序列.

如果环 R 的理想序列 $N_1,N_2,\cdots$ 满足条件

$$N_i\subset N_{i+1},\ i=1,2,\cdots$$

则 $\{N_i\}$ 叫做一个理想升链.

如果整环 R 的元素序列 $a_1,a_2,\cdots$ 满足条件

$$a_{i+1}\mid a_i,\ i=1,2,\cdots$$

则 $\{a_i\}$ 叫做一个因子降链.

引理 3.2

（1）主理想整环 R 的任一理想升链 $\{(a_i)\}$ 恒有限，即存在正整数 m 使得

$$(a_m)=(a_{m+1})=(a_{m+2})=\cdots.$$

（2）主理想整环 R 的任一因子降链 $\{a_i\}$ 恒有限，即存在正整数 m 使得

$$a_m\sim a_{m+1}\sim a_{m+2}\sim\cdots.$$

证 因为（1）和（2）是等价的，只证明（1）. 因为 $a\mid b\Leftrightarrow (b)\subset (a)$，$a\sim b\Leftrightarrow (a)=(b)$，所以（1）和（2）等价，只证明（1）. 令 $N=\bigcup_i(a_i)$，则 N 是一个理想. 因为 R 是主理想整环，所以存在 $d\in R$ 使得 $N=(d)$. 由 N 的定义知 d 必属于某一个 (a_m)，从而 $N\subset(a_m)$. 又由 N 的定义，显然有 $(a_m)\subset N$，所以 $N=(a_m)$. 于是对任意大于 m 的正整数 n，有 $(a_m)\subset(a_n)\subset N=(a_m)$，所以 $(a_n)=N$，于是 $N=(a_m)=(a_{m+1})=(a_{m+2})=\cdots$.

定理 3.11 整环 R 若满足下列两个条件：

（1）因子链条件；

（2）每一个不可约元都是素元；

则 R 是唯一因子分解整环.

证 设 a 是 R 中一个非零非单位的元素，如果 a 不可约，则 $a=a$ 是它的一个不可约元分解. 下面设 a 可约，于是 a 有真因子. 那么它一定有一个不可约的真因子. 否则，设 a_1 是 a 的一个真因子，且 a_1 可约，则 a_1 有一个真因子 a_2，若 a_2 可约，则 a_2 有一个真因子 a_3，如此下去，得到序列 $a,a_1,a_2,a_3,\cdots$，每个元素都是前一个元素的真因子，但由于 R 满足因子链条件，所以这个序列有限，它的最后一项 a_n 一定是不可约元. 因此，

a 有一个不可约的真因子，记作 p_1. 于是 $a = p_1 c_1$，c_1 是 a 的真因子，如果 c_1 不可约，则 a 分解为两个不可约元的乘积. 如果 c_1 可约，由上面的论述可知，c_1 有一个不可约的真因子 p_2，于是 $a = p_1 p_2 c_2$. 对 c_2 是 c_1 的真因子，得到因子链序列 a，c_1，c_2，c_3，$\cdots$，由因子链条件知序列有限，设最后一项为 c_{r-1}，则 c_{r-1} 不可约，记作 p_r，于是得到 a 的分解 $a = p_1 c_1 = p_1 p_2 c_2 = \cdots = p_1 p_2 \cdots p_{r-1} c_{r-1} = p_1 p_2 \cdots p_r$.

下证分解的唯一性. 设 $a = p_1 p_2 \cdots p_s = q_1 q_2 \cdots q_t$. 对 s 作归纳法.

当 $s = 1$ 时，$a = p_1$ 是不可约元，因此 $t = 1$，$p_1 = q_1$.

假设结论对 $s - 1$ 成立.

当 $a = p_1 p_2 \cdots p_s = q_1 q_2 \cdots q_t$ 时，$p_1 \mid q_1 q_2 \cdots q_t$. 因为 p_1 是不可约元，由条件（2），它是素元，所以有某个 q_k 使得 $p_1 \mid q_k$，不妨假设 $p_1 \mid q_1$. 于是存在 $u \in R$ 使得 $q_1 = u p_1$，又因为 q_1 是不可约元，所以 u 是单位，即 $p_1 \sim q_1$. 将 $q_1 = u p_1$ 代入 a 的右边的那个分解式，两边消去 p_1，得到 $(a/p_1) = p_2 p_3 \cdots p_s = u q_2 q_3 \cdots q_t$. 由归纳假设，$s = t$，且适当排列次序后得 $p_i \sim q_i$，$i = 2$，3，$\cdots$，s.

因此结论对任意的正整数 s 均成立，所以分解是唯一的，因此 R 是唯一因子分解整环.

因为主理想整环满足因子链条件，而且不可约元是素元，因此有

推论 3.4 主理想整环是唯一因子分解整环.

由此亦可知整数环和域上的一元多项式环都是唯一因子分解整环.

定义 3.14 设 R 是唯一因子分解整环，$f(x) \in R[x]$. $f(x)$ 各项系数的最大公因子称为 $f(x)$ 的**容度**，记为 $c(f(x))$. 若 $\deg f(x) \geqslant 1$ 且 $c(f(x)) = 1$，则称 $f(x)$ 是 $R[x]$ 中的**本原多项式**.

定理 3.12（高斯引理） 设 R 是唯一因子分解整环，则 $R[x]$ 中两个本原多项式之积仍为 $R[x]$ 中的本原多项式.

证 设

$$g(x) = a_0 + a_1 x + \cdots + a_n x^n,$$
$$h(x) = b_0 + b_1 x + \cdots + b_m x^m,$$

为 $R[x]$ 中的本原多项式，$f(x) = g(x) h(x)$. 假设 $f(x)$ 不是本原多项式. 取 $c(f(x))$ 的一个素因子 $p \in R$. 由于 $g(x)$，$h(x)$ 本原，所以存在 $i(0 \leqslant i \leqslant n)$ 和 $j(0 \leqslant j \leqslant m)$ 使得

$$p \mid a_0，\cdots，a_{i-1}，p \nmid a_i,$$
$$p \mid b_0，\cdots，b_{j-1}，p \nmid b_j.$$

于是 $f(x)$ 的 x^{i+j} 的系数 $\sum_{k=0}^{i+j} a_k b_{i+j-k}$（若 $k > n$，则把 a_k 作为 0，b_{i+j-k} 类似）中只有 $k = i$ 的一项 $a_i b_j$ 不能被 p 整除，其余各项都能被 p 整除. 这导致 $p \nmid c_{i+j}$，与 $p \mid c(f(x))$ 矛盾. 因此 $f(x)$ 是本原多项式.

推论 3.5 设 R 是唯一因子分解整环，$f(x)$，$g(x) \in R[x]$，则

$$c(f(x)g(x)) = c(f(x))c(g(x)).$$

推论 3.6 设 R 是唯一因子分解整环, K 是 R 的分式域, $f(x) \in R[x]$, $\deg f(x) \geq 1$. 如果 $f(x)$ 在 $R[x]$ 中不可约, 则 $f(x)$ 在 $K[x]$ 中也不可约.

证 假设 $f(x)$ 在 $K[x]$ 中可约, 则存在 $K(x)$ 中的不可逆元 $g(x)$, $h(x)$ (于是 $\deg g(x)$, $\deg h(x) \geq 1$), 使得 $f(x) = g(x)h(x)$. 设 $g(x)$, $h(x)$ 各项系数分母的乘积分别为 r, $s \in R$, 在 $f(x) = g(x)h(x)$ 两端乘以 rs 得到 $rs \cdot f(x) = (r \cdot g(x))(s \cdot h(x)) \in R[x]$. 写 $r \cdot g(x) = c(r \cdot g(x)) \cdot g_1(x)$, $s \cdot h(x) = c(s \cdot h(x)) \cdot h_1(x)$, 其中 $g_1(x)$, $h_1(x)$ 是 $R[x]$ 中的本原多项式. 比较 $rs \cdot f(x) = c(r \cdot g(x)) \cdot c(s \cdot h(x)) \cdot g_1(x)h_1(x)$ 的两端. 由于 $f(x)$ 是次数大于 0 的不可约多项式, 所以是本原多项式, $c(rs \cdot f(x)) = rs$. Gauss 引理说 $g_1(x)h_1(x)$ 是本原多项式, 所以 $c(c(r \cdot g(x)) \cdot c(s \cdot h(x)) \cdot g_1(x)h_1(x)) = c(r \cdot g(x)) \cdot c(s \cdot h(x))$. 于是存在 R 中可逆元 u 使得 $rs = uc(r \cdot g(x)) \cdot c(s \cdot h(x))$. 这样, 有 $f(x) = ug_1(x)h_1(x)$, 其中 $\deg g_1(x) = \deg g(x) \geq 1$, $\deg h_1(x) = \deg h(x) \geq 1$, 这与 $f(x)$ 在 $R[x]$ 中不可约矛盾, 因此 $f(x)$ 在 $K[x]$ 中也不可约.

定理 3.13 唯一因子分解整环上的多项式环也是唯一因子分解整环.

证 设 R 是唯一因子分解整环. 首先证明 $R[x]$ 满足因子链条件. 设 $f(x) \in R[x]$ 非零不可逆, $c(f(x)) = c$, 则 $f(x) = cf_1(x)$. 因为 R 是唯一因子分解整环, c 可表为有限个不可约因子的乘积. 由于 $f_1(x)$ 是本原多项式, 它的非平凡因子的次数小于它的次数, 于是 $f_1(x)$ 至多可分解为 $\deg f(x)$ 个一次因子的乘积. 因此, $R[x]$ 满足因子链条件.

下面还需证明 $R[x]$ 的不可约元是素元. 设 $f(x)$ 是 $R[x]$ 中的不可约元, 且 $f(x) | g(x)h(x)$, $g(x)$, $h(x) \in R[x]$. 则存在 $q(x) \in R[x]$ 使得 $q(x)f(x) = g(x)h(x)$. 如果 $\deg f(x) = 0$, 即 $f(x) = a$ 为 R 的不可约元. 则 $c(q(x))a = c(g(x))c(h(x))$, 故 $a | c(g(x))(h(x))$. 因为 R 是唯一因子分解整环, 所以不可约元 a 是素元, 于是 $a | c(g(x))$ 或 $a | c(h(x))$, 进而 $a | g(x)$ 或 $a | h(x)$.

现设 $\deg f(x) > 0$, 令 K 为 R 的分式域. 由推论 3.6 知 $f(x)$ 在 $K[x]$ 中不可约. 因为 $K[x]$ 是唯一因子分解整环, 所以 $f(x)$ 是 $K[x]$ 中的素元. 在 $K[x]$ 中, $q(x)f(x) = g(x)h(x)$, 所以 $f(x)$ 至少整除 $g(x)$, $h(x)$ 之一. 不妨设 $g(x) = d(x)f(x)$, 其中 $d(x) \in K[x]$. 两端乘以 $d(x)$ 各项系数分母之积 r, 得到 $rg(x) = (rd(x))f(x)$. 则有 $rc(g(x))g_1(x) = c(rd(x))d_1(x)f(x)$, 其中 $g_1(x)$, $d_1(x)$ 是 $R[x]$ 中的本原多项式. 由 $f(x)$ 不可约且次数大于 0 知 $f(x)$ 本原, 由 Gauss 引理说明 $d_1(x)f(x)$ 本原, 因此有相伴关系 $rc(g(x)) \sim c(rd(x))$, 因此存在可逆元 $u \in R$ 使得 $d_1(x)f(x) = ug_1(x)$. 于是 $f(x) | g_1(x)$, 进而 $f(x) | g(x)$, 这就证明了 $f(x)$ 是 $R[x]$ 中的素元.

综上, $R[x]$ 是唯一因子分解整环.

推论 3.7 唯一因子分解整环上的多元多项式环是唯一因子分解整环.

定理 3.14 (Eisenstein 判别法) 设 R 是一个唯一因子分解整环, F 是 R 的商域,

$f(x) = \sum_{i=0}^{n} a_i x^i \in R[x]$, $a_n \neq 0$, $n > 1$. 如果 R 上有一个不可约元 p 满足：$p \mid a_i$, $i = 0$, 1, $\cdots$, $n-1$ 且 $p \nmid a_n$, $p^2 \nmid a_0$, 则 $f(x)$ 在 $F[x]$ 中不可约, 换句话说, $f(x)$ 在 $R[x]$ 中不能写成两个正次数多项式的积.

证 反证法. 假设 $f(x) = g(x)h(x)$,

$$g(x) = b_r x^r + \cdots + b_1 x + b_0, \quad b_i \in R, \quad b_r \neq 0, \quad r > 0,$$

$$h(x) = c_s x^s + \cdots + c_1 x + c_0, \quad c_i \in R, \quad c_s \neq 0, \quad s > 0.$$

由于 R 是整环, $r < n$, $s < n$. 因为 $p \mid a_0$, $p^2 \nmid a_0$, 于是 b_0 和 c_0 中恰有一个被 p 整除. 不妨设 $p \mid b_0$, $p \nmid c_0$. 又因为 $p \nmid a_n$, 所以 $p \nmid b_r$, $p \nmid c_s$. 设 c_i 是 c_0, $\cdots$, c_s 中第一个不能被 p 整除的, 则 $0 < i \leq s$. 考虑

$$a_i = b_0 c_i + b_1 c_{i-1} + \cdots + b_i c_0,$$

在上式右端, 除了 $p \nmid b_0 c_i$, 其余各项都能被 p 整除, 因而 $p \nmid a_i$. 可是 $i \leq s < n$, 与题设矛盾, 因此 $f(x)$ 在 $F[x]$ 中不可约.

满足定理中条件的多项式叫做 Eisenstein 多项式. 对于任一素数 p 和正整数 n, $x^n - p$ 是 Eisenstein 多项式, 因此在 $Q[x]$ 中不可约.

第 3 章 习题

1. Z 为整数环, 在集合 $S = Z \times Z$ 上定义二元运算
$$(a,b) + (c,d) = (a+c, b+d), (a,b) \cdot (c,d) = (ac+bd, ad+bc).$$
求证：S 在这两个运算下构成一个交换幺环.

2. 设 R 是一个环, $a \in R$ 为非零元, 如果有一个非零元素 b, 使得 $aba = 0$, 求证：a 是一左零因子或右零因子.

3. 设 R 是环, a, $b \in R$. 求证：

(1) 若 $1 - ab$ 可逆, 则 $1 - ba$ 可逆;

(2) 若 R 是有限幺环, 且 $ab = 1$, 则 $ba = 1$;

(3) 若 R 是幺环, 且 $ab = 1$ 但 $ba \neq 1$, 则有无穷多个 $x \in R$ 满足 $ax = 1$.

4. 设 F 为一个特征 p 的域, p 为素数, 求证：
$$(a+b)^p = a^p + b^p, \quad \forall a, b \in F.$$

5. 设 $R = \left\{ \begin{pmatrix} a & 0 \\ b & c \end{pmatrix} \middle| a, b \in Z \right\}$. 试决定 R 的所有理想.

6. 试计算环 Z_n 上 2×2 全矩阵环的单位群的阶.

7. 环 R 的元素称为**幂零元**（nilpotent element）, 如果存在正整数 n 使得 $a^n = 0$, 求证：

(1) 交换环的幂零元之和仍是幂零元;

(2) $M_n(C)$ 的一个元素 A 是幂零元当且仅当 A 的特征根都是 0;

(3) 交换环的全体幂零元组成一个理想, 称为 R 的**幂零根**或**小根**.

8. 环 R 的元素称为**幂等元**（idempotent element），如果 $a^2 = a$. 如果 R 的所有元都是幂等元，就称 R 是**布尔环**（Boolean ring）. 求证：布尔环是交换环，且所有元素满足 $2a = 0$.

9. 设 K 是一个除环，a，$b \in K$，a，b 不等于 0，且 $ab \neq 1$. 证明：**华罗庚恒等式**
$$a - (a^{-1} + (b^{-1} - a)^{-1})^{-1} = aba.$$

10. （**Hamilton 四元数**，1843）设 $H = \left\{ \begin{pmatrix} a & b \\ -\bar{b} & \bar{a} \end{pmatrix} \,\middle|\, a,\, b \in C \right\}$.

（1）求证：H 是 $M_2(C)$ 的非交换子环；

（2）求证：H 是体；

（3）在 H 中解方程 $x^2 + 1 = 0$；

（4）H 的乘法幺元 $\begin{pmatrix} 1 & 0 \\ 0 & 1 \end{pmatrix}$ 记为 1，令
$$\boldsymbol{I} = \begin{pmatrix} i & 0 \\ 0 & -i \end{pmatrix},\ \boldsymbol{J} = \begin{pmatrix} 0 & 1 \\ -1 & 0 \end{pmatrix},\ \boldsymbol{K} = \begin{pmatrix} 0 & i \\ i & 0 \end{pmatrix},$$
则 $H = \{ a + b\boldsymbol{I} + c\boldsymbol{J} + d\boldsymbol{K} \mid a,b,c,d \in R \} = R + R\boldsymbol{I} + R\boldsymbol{J} + R\boldsymbol{K}$.

（5）$H_0 = \{ a + b\boldsymbol{I} + c\boldsymbol{J} + d\boldsymbol{K} \mid a,\, b,\, c,\, d \in Q \}$ 是 H 的子体；

（6）H 的单位元素 $\{ \pm 1,\ \pm \boldsymbol{I},\ \pm \boldsymbol{J},\ \pm \boldsymbol{K} \}$ 在乘法下构成一个群，叫做**四元数群**，记作 Q_8. 求证：Q_8 的每个子群都是正规子群.

11. 设 $\varphi: R \to R'$ 是一个满的环同态，N 是它的核. 则 φ 诱导出 R 的一切包含 N 的子环集合到 R' 的一切子环集合的一个一一对应 $H \mapsto \varphi(H)$，而且在这个对应下理想和理想对应.

12. 设 $\varphi: R \to R'$ 是一个满的环同态，N 是它的核，H 为 R 的任一包含 N 的理想，则
$$R/H \cong (R/N)/(H/N).$$

13. 设 H 为 R 的一个子环，N 为 R 的一个理想，则
$$H/H \cap N \cong (H+N)/N.$$

14. 求证：交换幺环至少有一个极大理想.

15. 确定整系数多项式环 $Z[x]$ 中的所有素理想.

16. 求出整数环 Z 和剩余类环 Z_n 的所有理想、素理想、极大理想.

17. 设 F 是特征为 p 的有限域，n 是一正整数，对任意的 a，$b \in F$，求证：
$$(a + b)^{p^n} = a^{p^n} + b^{p^n},\ (a - b)^{p^n} = a^{p^n} - b^{p^n}.$$

18. 求证：整环上的相伴关系是等价关系.

19. 求证：$Z[x]$ 中的每个主理想都不是极大理想.

20. 求证：$f(x) = x^{p-1} + x^{p-2} + \cdots + x + 1$ 在 $Z[x]$ 内不可约，其中，p 为素数.

21. 设 $f(x) = x^3 - x^2 - x - 2 \in Q[x]$，求 $f(x)$ 在 Q 上的分裂域.

22. 求证：主理想整环中的非零素理想是极大理想；有限交换幺环的素理想是极大理想

23. （1）设 p 是素数，写出分式环 $Z_{(p)}$（表示成有理数域的子集）；

（2）设 $m \in Z$，$m \neq 0$，写出分式环 $m^{-1}Z$（表示成有理数域的子集）.

24. 设 Z 为整数环，m，$n \in Z$，m，$n \geqslant 0$，$I = nZ$，$J = mZ$. 求证：

（1）$I + J = (m,n)Z$，$I \cap J = [m,n]Z$，$IJ = mnZ$；

（2）I 和 J 互素当且仅当 $(m,n) = 1$；

(3) $(I:J) = qZ$，$q = n/(n,m)$.

25. 设 R 是一个唯一因子分解整环，F 是 R 的分式域，$f(x) \in R[x]$，$\deg f(x) \geqslant 1$ 是本原多项式，则 $f(x)$ 在 $R[x]$ 中可约当且仅当 $f(x)$ 在 $F[x]$ 中可约.

26. 设 R 是一个唯一因子分解整环，F 是 R 的分式域，$f(x) = \sum\limits_{i=0}^{n} a_i x^i \in R[x]$，若 $\dfrac{r}{s} \in F$，$(r,s) \sim 1$ 是 $f(x)$ 在 F 上的一个根，则 $r \mid a_n$，$s \mid a_0$.

27. 在高斯整数环 $Z[\sqrt{-1}]$ 中，令 $\alpha = 1 - \sqrt{-1}$，$f(x) = x^n + a_{n-1}x^{n-1} + \cdots + a_1 x + \alpha$，其中 $a_1, \cdots, a_{n-1} \in (\alpha)$，求证：$f(x)$ 是 $Q(\sqrt{-1})$ 上的不可约多项式.

28. 举例说明环上的多项式和域上的多项式有哪些不同点.

29. 设 m 是一个无平方因子整数且 $m \neq 0, 1$. 令 $F = Q(\sqrt{m}) = \{a + b\sqrt{m} \mid a, b \in Q\}$，则 F 是一个域，叫做有理数域 Q 上的二次扩域. F 中有一个子环 R 定义如下：

当 $m \equiv 2, 3 \pmod 4$ 时，$R = \{a + b\sqrt{m} \mid a, b \in Z\}$，

当 $m \equiv 1 \pmod 4$ 时，$R = \left\{a + b \cdot \dfrac{1 + \sqrt{m}}{2} \mid a, b \in Z\right\}$.

求证：R 是 F 的一个子环.

30. 设 I 是交换环 R 的理想，定义集合

$$\sqrt{I} = \{x \in R \mid 存在正整数 n, 使得 x^n \in I\}.$$

求证：(1) $\sqrt{I}$ 是 R 的理想，称 $\sqrt{I}$ 是 I 的根. 若 $I = \sqrt{I}$，则称 I 为根理想. 特别地，$\sqrt{(0)} = R$ 中幂零元的全体；

(2) 当 $I \neq R$ 时，求证：$\sqrt{I}$ 是 R 中包含 I 的所有素理想的交；

(3) 设 I，J 均是 R 的理想，求证：$\sqrt{I \cap J} = \sqrt{I} \cap \sqrt{J}$，$\sqrt{I \cup J} = \sqrt{I} \cup \sqrt{J}$；$\sqrt{I} = R \Leftrightarrow I = R$，$\sqrt{\sqrt{I}} = \sqrt{I}$，$\sqrt{I + J} = \sqrt{\sqrt{I} + \sqrt{J}}$；

(4) $\sqrt{I}$ 和 $\sqrt{J}$ 互素 $\Leftrightarrow I$ 和 J 互素；

(5) 若 p 是素理想，求证：对每个正整数 n 均有 $\sqrt{p^n} = p$.

31. 求证：$Z\left[\dfrac{1 + \sqrt{5}}{2}\right]$ 为欧几里得整环.

32. 计算高斯整数环 $Z[\sqrt{-1}]$ 的所有不可约元.

33. 设 D 是主理想整环但不是域，求证：$D[x]$ 不是主理想整环.

34. 求证：$Z[x]$ 的理想 $(3, x^3 + 2x^2 + 2x - 1)$ 不是主理想.

35. 设 R 是布尔环，求证：R 的每个素理想 I 都极大，且 R/I 是特征 2 的域. R 的每个有限生成的理想都可由一个元素生成.

36. 设 R 是交换环，$f(x) \in R[x]$ 是一个幂零元，则 $f(x)$ 的每个系数也是 R 的幂零元.

37. 设 R 是交换环，$f(x) = a_n x^n + a_{n-1}x^{n-1} + \cdots + a_0 \in R[x]$，若 a_0 为单位而 $a_1, \cdots, a_n$ 为幂零元，求证：$f(x)$ 为 $R[x]$ 的单位.

38. 设 $R = Z\sqrt{-5} \triangleq \{a + b\sqrt{-5} \mid a, b \in Z\}$.

(1) 求证：R 是 C 的子环，并计算 R 的可逆元；

（2）求证：2 是不可约元；

（3）求证：3 是不可约元但不是素元；

（4）求证：$2 \pm \sqrt{-5}$ 是不可约元. 它们是素元吗？

（5）计算 9 的不可约分解式；

（6）求证：$(2, 1 + \sqrt{-5})$ 不是主理想，(2) 不是素理想；

（7）求证：R 不是唯一分解整环.

39. 求证：$Z\left[\dfrac{1}{2}(1 + \sqrt{-3})\right]$ 是欧几里得整环.

40. 求证：$(x^2 + 1, x^5 + x^3 + 1)$ 是 $Q[x]$ 的主理想.

41. 求证：$Z[\sqrt{-6}]$ 不是欧几里得整环.

42. 设 K 是域，系数在 K 中的形式幂级数 $\sum\limits_{i=0}^{\infty} a_i x^i$（$a_i \in K$，$x$ 为未定元）的全体在通常的加法和乘法下构成一个环，称为 K 上的一元形式幂级数环，记为 $K[[x]]$.

（1）设 $f(x) = \sum\limits_{i=0}^{\infty} a_i x^i \in K[[x]]$，求证：$f(x)$ 是 $K[[x]]$ 的可逆元当且仅当 $a_0 \neq 0$；

（2）求证：$K[[x]]$ 是主理想整环.

43. 设 P 为交换幺环 R 的素理想（于是 R 可以视为 R_P 的子环）.

（1）对于 R 的任一理想 I，求证：$I \cdot R_P$ 是 R_P 的理想；

（2）对于 R 的任一素理想 Q，求证：$Q \cdot R_P$ 是 R_P 的素理想或平凡理想；

（3）求证：$P \cdot R_P$ 是 R_P 唯一的极大理想；

（4）求证：$Q \mapsto Q \cdot R_P$ 给出 R 的含于 P 的素理想的集合到 R_P 的素理想的集合的一一映射.

44. 设 K 是域，$K[x, y]$ 是 K 上的二元多项式环，$R = K[x, y]/(x^3 - y^2)$.

（1）求证：R 是整环；

（2）令 $P_0 = (\bar{x}, \bar{y})(\subseteq R)$，求证：$P_0$ 是 R 的极大理想，且 $(P_0 \cdot R_{P_0})/(P_0 \cdot R_{P_0})^2$ 作为 K 向量空间的维数为 2；

（3）令 $P_1 = (\bar{x} - 1, \bar{y} - 1)(\subseteq R)$，求证：$P_1$ 是 R 的极大理想，且 $(P_1 \cdot R_{P_1})/(P_1 \cdot R_{P_1})^2$ 作为 K 向量空间的维数为 1.

45. 求证：对称多项式基本定理.

46. 设 R 是交换幺环，$x_1, x_2, \cdots, x_n \in R$，令 $s_k = x_1^k + x_2^k + \cdots + x_n^k$，$k = 1, 2, \cdots$. 求证 Newton 公式：

$$s_k - s_{k-1}\sigma_1 + \cdots + (-1)^{k-1} s_1 \sigma_{k-1} + (-1)^k \sigma_k = 0, k \leq n,$$
$$s_k - s_{k-1}\sigma_1 + \cdots + (-1)^n s_{k-n} \sigma_n = 0, k > n.$$

将 s_1, s_2, s_3, s_4, s_5 用初等对称多项式表出.

第 4 章

域

1. 域扩张

设 K 是域，F 是 K 的一个非空子集。如果 F 在 K 的运算下也构成一个域，则称 F 为 K 的子域，K 称为 F 的扩域或扩张，记作 K/F。K 的包含 F 的任一子域称为 K/F 的中间域。如果 $K \neq F$，则称 F 为 K 的真子域。不包含任何真子域的域叫做素域。因为任意多个子域的交还是一个子域，因此一个域的素子域就是该域的所有子域的交，所以素域是由元素 1 生成的子域。有理数域和 Z_p 是素域，其中 p 为一素数。

定义 4.1 设 K 是域 F 的一个扩域，S 为 K 的一个非空子集，K 中所有包含 F 和 S 的子域的交记作 $F(S)$，它是 K 中包含 F 和 S 的最小子域，称为 S 在 F 上生成的域。前面已知 $F[S]$ 是一切有限和

$$\sum_{i_1,i_2,\cdots,i_n \geqslant 0} a_{i_1,i_2,\cdots,i_n} \alpha_1^{i_1} \alpha_2^{i_2} \cdots \alpha_n^{i_n}, \quad \alpha_1,\alpha_2,\cdots,\alpha_n \in S$$

组成的集合，$F[S]$ 的分式域就是 $F(S)$。

设 K 是域 F 的一个扩域，S 为 K 的一个非空子集，$\alpha \in K$，则

$$F[\alpha] = \{f(\alpha) \mid f(x) \in F[x]\}, F(\alpha) = \left\{\frac{f(\alpha)}{g(\alpha)} \,\middle|\, f(x),g(x) \in F[x], g(\alpha) \neq 0\right\},$$

$$F(S) = \left\{\frac{f(\alpha_1,\cdots,\alpha_n)}{g(\alpha_1,\cdots,\alpha_n)} \,\middle|\, f(x_1,\cdots,x_n),g(x_1,\cdots,x_n) \in F[x_1,\cdots,x_n],\right.$$

$$\left. \alpha_1,\cdots,\alpha_n \in S, g(\alpha_1,\cdots,\alpha_n) \neq 0, n \geqslant 0\right\}.$$

设 K 是域 F 的一个扩域，$S,S_1,S_2 \subset K$，则 $F(S_1 \cup S_2) = F(S_1)(S_2) = F(S_2)(S_1)$，$F(S) = \bigcup_{S' \subset S} F(S')$，其中 S' 取遍 S 的所有有限子集。因此，当 S 是有限集 $\{\alpha_1,\alpha_2,\cdots,\alpha_n$

时，$F(S)$ 可写成 $F(S)=F(\alpha_1,\alpha_2,\cdots,\alpha_n)=F(\alpha_1)(\alpha_2)\cdots(\alpha_n)$，称其为在 F 上是有限生成的. 当 $S=\{\alpha\}$ 时，称 $F(\alpha)$ 是 F 上的**单扩张**. 此时有
$$F(\alpha)=\{f(\alpha)/g(\alpha)\,|\,f(x),g(x)\in F[x],g(\alpha)\neq 0\}.$$
从而，F 上有限生成的域 $F(\alpha_1,\alpha_2,\cdots,\alpha_n)$ 可以经过有限个单扩张而得到
$$F\subseteq F(\alpha_1)\subseteq F(\alpha_1,\alpha_2)\subseteq\cdots\subseteq F(\alpha_1,\cdots,\alpha_n).$$

让 F 和 F' 是 K 的两个子域，则 K 中包含 F 和 F' 的所有子域的交叫做 F 和 F' 在 K 中的**合成域**，记作 $F\cdot F'$. 它也可以描述为 F' 在 F 上生成的 K 的子域或者 F 在 F' 上生成的 K 的子域，即 $F(F')=F\cdot F'=F'(F)$.

设 V 是一个加法群，F 是一个域. 对任意的 $\alpha\in F$，$v\in V$ 都存在一个元素 $\alpha v\in V$ 满足以下性质：$\forall\alpha,\beta\in F$，$u,v\in V$ 有

（1）$\alpha(u+v)=\alpha u+\alpha v$；

（2）$(\alpha+\beta)u=\alpha u+\beta u$；

（3）$\alpha(\beta u)=(\alpha\beta)u$；

（4）$1\cdot v=v$.

则称 V 是域 F 上的向量空间或线性空间. 若 K 是 F 的扩域，则 K 是 F 上的一个线性空间，称它的维数为 K 对 F 的扩张次数，记作 $(K:F)$ 或 $|K:F|$. 当 $(K:F)$ 有限时，称 K 是 F 的有限扩张，否则称为无限扩张. K 作为 F 上的线性空间的基也叫做扩张 K/F 的基. 若 K 是 F 的一个有限扩张，则 K 在 F 上是有限生成的，但反过来不成立.

定义 4.2 设 R 为一幺环，M 为一个交换群. 若定义了一个映射
$$R\times M\to M,\quad (a,x)\mapsto ax$$
满足下列条件：

（1）$a(x+y)=ax+ay$，$a\in R$，$x,y\in M$；

（2）$(a+b)x=ax+bx$，$a,b\in R$，$x\in M$；

（3）$(ab)x=a(bx)$，$a,b\in R$，$x\in M$；

（4）$1\cdot x=x$；

则称 M 为环 R 上的模，简记为 R-模. M 是 R-模，等价于 M 是交换群，且存在一个环同态 $R\to\mathrm{End}\,M$.

域 F 上的线性空间即是 F-模.

定理 4.1 设 $K\supseteq E\supseteq F$ 为 F 上的扩张，则 $[K:F]$ 有限的充要条件是 $[K:E]$ 和 $[E:F]$ 都有限. 且在这种情况下有
$$[K:F]=[K:E][E:F].$$

证 设 $[K:F]=n$. 由于 E/F 是 K/F 的子空间，所以 $[E:F]\leqslant[K:F]$. 设 α_1，α_2，$\cdots$，α_n 是线性空间 K 对 F 的一组基，若把 K 看作 E 上的线性空间，则 α_1，α_2，$\cdots$，α_n 是 K/E 的一组生成元，所以 $[K:E]\leqslant n=[K:F]$. 反过来，设 $[K:E]=m$，$[E:F]=r$ 都有限，并设 β_1，β_2，$\cdots$，β_m 和 γ_1，γ_2，$\cdots$，γ_r 分别是 K/E 和 E/F 的基，则可验证

$\{\beta_i\gamma_j \mid 1 \leqslant i \leqslant m,\ 1 \leqslant j \leqslant r\}$ 是 K/F 的一组基，所以

$$[K:F] = mr = [K:E][E:F].$$

由定理可知，若 K/F 是有限扩张，则 E/F 也是有限扩张.

2. 代数扩张

定义 4.3 设 K 是域 F 的一个扩域，$f(x) \in F[x]$，如果存在 $a \in K$ 使得 $f(a) = 0$，则称 a 是 $f(x)$ 在 K 中的一个根. 对任意的 $u \in K$，若 u 是 F 上某一多项式 $f(x)$ 的根，则称 u 是 F 上的**代数元**，否则称为**超越元**. 这里的定义与第 3 章中的定义是一致的.

我们还可以用另外的方式来刻画代数元和超越元.

设 K 是域 F 的扩域，$\alpha \in K$，考虑赋值映射

$$v_\alpha : F[x] \to K,\ f(x) \mapsto f(\alpha),$$

可以验证它是一个环同态，且对任意的 $a \in F$ 和 $f(x) \in F[x]$，有

$$v_\alpha(af(x)) = af(\alpha) = av_\alpha(f(x)).$$

所以 v_α 是 F – 线性映射. 它的像集是

$$\mathrm{Im}\,v_\alpha = \{f(\alpha) \mid f(x) \in F[x]\} = F[\alpha].$$

同态的核是

$$\mathrm{Ker}\ v_\alpha = \{f(x) \in F[x] \mid f(\alpha) = 0\},$$

称为 α 在 F 上的零化理想. 因为 $F[x]$ 是主理想整环，所以 $\mathrm{Ker}\,v_\alpha$ 可由某个多项式 $p(x)$ 生成，即

$$\mathrm{Ker}\ v_\alpha = (p(x)) = F[x]p(x) = \{f(x)p(x) \mid f(x) \in F[x]\}.$$

如果 $p(x) = 0$，即 $\mathrm{Ker}\,v_\alpha = \{0\}$，则称 α 是 F 上的超越元，称 $F(\alpha)$ 是 F 的单超越扩张.

如果 $p(x) \neq 0$，即 $\mathrm{Ker}\,v_\alpha \neq \{0\}$，则称 α 是 F 上的代数元，称 $F(\alpha)$ 是 F 的单代数扩张. 称 $\mathrm{Ker}\,v_\alpha$ 的生成元 $p(x)$ 为 α 在 F 上的极小多项式. 显然，$p(x)$ 是不可约多项式，且若 $f(x) \in F[x]$ 使得 $f(\alpha) = 0$，则在 $F[x]$ 中，$p(x) \mid f(x)$.

定义 4.4 域 F 上的一个扩张 K/F 叫做**代数扩张**，如果 K 中每个元素都是 F 上的代数元. 设 $u \in K$，$F[x]$ 中满足 $f(u) = 0$ 的次数最小的非零多项式叫做 u 在 F 上的极小多项式，极小多项式的次数称为 u 的代数次数，如果 u 在 F 上的极小多项式的次数是 n，则称 u 是 F 上的一个 n 次代数元. 显然 u 在 F 上的极小多项式是 $F[x]$ 中的不可约多项式.

定理 4.2 设 K/F 为一个域扩张，$\alpha \in K$，则有

(1) 若 α 在 F 上是代数的，$f(x) \in F[x]$ 为 α 的极小多项式，则 $F(\alpha) = F[\alpha]$ 且 $F(\alpha) \cong F[x]/(f(x))$；

(2) 若 α 在 F 上是超越的，则 $F[\alpha] = F[x]$，因此 $F(\alpha)$ 和 $F[x]$ 的分式域 $F(x)$ 同构.

证 对任意的 $g(x) = a_0 + a_1 x + \cdots + a_n x^n \in F[x]$，定义 $F[x]$ 到 $F[\alpha]$ 的映射 σ，

$$\sigma(g(x)) = \sigma(a_0) + \sigma(a_1)\alpha + \cdots + \sigma(a_n)\alpha^n.$$

首先，这个定义是合理的，即从 $g(x) = h(x)$ 可推出 $\sigma(g(x)) = \sigma(h(x))$. 设 $h(x) = b_0 + b_1 x + \cdots + b_m x^m \in F[x]$，容易验证 $\sigma(g(x) + h(x)) = \sigma(g(x)) + \sigma(h(x))$ 和 $\sigma(g(x) \cdot h(x)) = \sigma(g(x)) \cdot \sigma(h(x))$. 所以 σ 是 $F[x]$ 到 $F[\alpha]$ 的一个同态且 $\sigma(x) = \alpha$，对任意的 $a \in F$，$\eta(a) = a$. 令 $I = \mathrm{Ker}\eta$，则易知 $I = (f(x))$. 不妨设 $f(x)$ 的首项系数为 1（如果 $f(x) \neq 0$）. 若 α 是 F 上的代数元，则 $f(x) \neq 0$ 且 $f(x)$ 是一个次数大于零的不可约多项式，因而 $F[x]/I = F[x]/(f(x)) \cong F[\alpha]$ 为一域，因为 $F[\alpha]$ 已经是域，所以 $F(\alpha) = F[\alpha] \cong F[x]/(f(x))$. 当 α 是 F 上的超越元时，$f(x) = 0$，$F[x] \cong F[\alpha]$，所以 $F(\alpha)$ 和 $F[x]$ 的分式域相同.

上述定理（1）和（2）中的单扩张分别叫做**单代数扩张**和**单超越扩张**.

定义 4.5 设 K_i/F，$i = 1, 2$ 为两个域扩张，若存在 K_1 到 K_2 的一个同态 φ，使得 φ 限制在 F 上为恒等映射，即对于任意的 $x \in F$，$\varphi(x) = x$，则称 φ 为一个 F-同态.

如果 φ 还是一个同构，则称之为 F-同构. F-同态 φ 把 F 上的多项式

$$\sum a_{i_1 \cdots i_m} \alpha_1^{i_1} \cdots \alpha_m^{i_m}, \ a_{i_1 \cdots i_m} \in F, \ \alpha_i \in K_1$$

映为

$$\sum a_{i_1 \cdots i_m} \varphi(\alpha_1)^{i_1} \cdots \varphi(\alpha_m)^{i_m}.$$

设 $\varphi : K/F \to K'/F$ 是一个 F-同构，$a \in K$，则 a 在 F 上是代数的当且仅当 $\varphi(a)$ 在 F 上是代数的，且 a 和 $\varphi(a)$ 有相同的极小多项式.

定理 4.3 设 F 是域，$p(x) \in F[x]$ 为一个 d 次不可约多项式，进一步令 $K = F[x]/(p(x))$，则 K 是 F 的一个 d 次域扩张，且 $p(x)$ 在 K 内有一个根 α，$\{1, \alpha, \alpha^2, \cdots, \alpha^{d-1}\}$ 是 K 在 F 上的一组基. 设 $F(\alpha)/F$ 和 $F(\beta)/F$ 为两个单代数扩张，α，β 都是 $p(x)$ 的根，则 $F(\alpha)$ 和 $F(\beta)$ 有一个 F-同构 η 使得 $\eta(\alpha) = \beta$.

证 $p(x)$ 不可约，在 $F[x]$ 内生成一极大理想，因此 K 是一个域. 映射 $a \mapsto \bar{a} = a + (p(x))$ 是 F 到 K 的一个单同态，将 a 与 $\bar{a}$ 等同，则 F 嵌入 K 成为 K 的一个子域. 令 $\alpha = \bar{x} = x + (p(x))$，设 $p(x) = a_0 + a_1 x + \cdots + x^d$，则

$$p(\alpha) = a_0 + a_1 \alpha + \cdots + \alpha^d = a_0 + a_1 \bar{x} + \cdots + \bar{x}^d = \overline{p(x)} = \bar{0}.$$

所以 $\alpha \in K$ 是 $p(x)$ 的一个根. 容易检验 $\{1, \alpha, \alpha^2, \cdots, \alpha^{d-1}\}$ 是 F-线性无关的. K 的每个元素都有形式 $f(x) + (p(x))$，由带余除法，$f(x) = q(x)p(x) + r(x), \deg r(x) < \deg p(x) = d$，于是 $f(x) + (p(x)) = r(x) = (p(x))$. 因此 $\{1, \alpha, \cdots, \alpha^{d-1}\}$ 是一个基，$[K:F] = d$. 由定理 4.6 的证明可知，$F(\alpha)$ 和 $F(\beta)$ 都 F-同构于 $F[x]/(p(x))$，而且 α，β 都与 $\bar{x}$ 对应，$F(\alpha)$ 和 $F(\beta)$ 为 F-同构且 α 与 β 对应.

设 α 是 F 上的代数元，极小多项式为 $p(x)$，则 $|F(\alpha):F| = \deg p(x)$，$F(\alpha) = F[\alpha]$.

设 K/F 为一域扩张，$\alpha \in K$，则 α 在 F 上是代数的充要条件是存在一个正整数 n 使得

1, α, α^2, $\cdots$, α^n 在 F 上线性相关. 若 α 为 F 上的代数元, 则 α 的次数等于最小的正整数 d 使得 1, α, α^2, $\cdots$, α^d 在 F 上线性相关. 进而有限扩张 K/F 一定是代数扩张.

设 $K = F(\alpha_1, \alpha_2, \cdots, \alpha_n)$. 那么 K 是 F 的代数扩张等价于 K 是 F 的有限扩张, 也等价于 α_1, α_2, $\cdots$, α_n 是 F 上的代数元. 这样, 域 F 上两个代数元的和、差、积、商 (分母不为零) 仍是 F 上的代数元. 因此, 如果 K 是 F 的代数扩张, 那么 K 的包含 F 的任意子环是域. 考虑域扩张 $L \supseteq K \supseteq F$, 如果 L 在 K 上是代数的, K 在 F 上是代数的, 则 L 在 F 上是代数的.

在任一域扩张 K/F 中, F 上的代数元的全体构成一个中间域, 叫做 F 在 K 中的**代数闭包**. 显然 K 中任一不属于此代数闭包的元素在 F 上是超越的. 设 K 为一域, 如果 $K[x]$ 中每一个多项式在 $K[x]$ 中都可以分解成一次因式的乘积, 则称 K 为**代数闭域**. 复数域 C 是一个代数闭域. 实数域 R 不是代数闭域. 当代数闭域 K 是 F 的扩域时, 称 K 是 F 的代数闭扩张. 每个域 F 都至少有一个代数的代数闭扩张. 一个域 Ω 称为它的子域 F 的代数闭包, 如果它是代数闭域且是 F 的代数扩张. 这样, 域 F 的代数闭包总存在.

3. 分裂域

定义 4.6 设 F 是域, $f(x) \in F[x]$ 为一 n ($n \geqslant 1$) 次多项式, 域 K 包含 F. 称 $f(x)$ 在 K 上是分裂的 (split), 如果

$$f(x) = a(x - \alpha_1) \cdots (x - a_n), \quad \alpha_i \in K, \ i = 1, 2, \cdots, n.$$

如果域扩张 K/F 使得 $f(x)$ 在 K 上是**分裂的**, 且 $K = F(\alpha_1, \alpha_2, \cdots, \alpha_n)$, 则称 K 为 $f(x)$ 的一个**分裂域**.

定义 4.7 设 K/F 是代数扩张, 如果 K 中每个元素的极小多项式都在 K 上分裂, 则称 K/F 是正规的, 或说 K 是 F 的**正规扩张**. 换句话说, K/F 是正规扩张, 对 $F[x]$ 中的每个不可约多项式 $p(x)$, 只要 $p(x) = 0$ 在 K 中有一个根, 那么 $p(x)$ 就在 K 中分裂.

$x^3 - 2$ 有两个非实根, $Q(\sqrt[3]{2})/Q$ 不是正规扩张.

定理 4.4 F 上的每一个 n ($n \geqslant 1$) 次多项式 $f(x)$ 在 F 上有一个分裂域 E, 且 $[E:F] \leqslant n!$.

证 对 n 作归纳法. 当 $n = 1$ 时, $f(x) = c(x - \alpha)$, $\alpha \in F$, 显然 F 本身是 $f(x)$ 的一个分裂域, 且 $[F:F] = 1 \leqslant 1!$. 假设对次数小于 n 的 r 次多项式有分裂域, 且其分裂域对 F 的扩张次数 $\leqslant r!$. 下面来看 n 次多项式. 任取 $f(x)$ 的一个不可约因式 $p(x)$, 由定理 4.8, 存在一个单扩张 K_1/F 使得 $K_1 = F(\alpha_1)$, $p(\alpha_1) = 0$ 于是 $p(x)$ 在 K_1 上有一个一次因式 $(x - \alpha_1)$, 因此 $f(x)$ 在 K_1 上至少有一个一次因式, 可设 $f(x) = (x - \alpha_1)(x - \alpha_2) \cdots (x - \alpha_t) f_1(x) \in K_1[x]$, $\alpha_i \in K_1$, $i = 1, 2, \cdots, t$, $t \geqslant 1$. 此时, $\deg f_1(x) < n$, 若 $f_1(x)$ 为常数, 则 K_1/F 就是 $f(x)$ 的分裂域. 若 $\deg f_1(x) = s \geqslant 1$, 则由假设, $f_1(x)$ 在 K_1 上有一个分裂域 E/K_1, 且 $[E:K_1] \leqslant s!$. 于是

$$f_1(x) = c(x - \alpha_{r+1}) \cdots (x - \alpha_n), \alpha_i \in E, \ i = r + 1, \cdots, n.$$
$$E = K_1(\alpha_{r+1}, \cdots, \alpha_n) = F(\alpha_1)(\alpha_{r+1}, \cdots, \alpha_n)$$
$$= F(\alpha_1, \cdots, \alpha_r)(\alpha_{r+1}, \cdots, \alpha_n) = F(\alpha_1, \cdots, \alpha_r, \cdots, \alpha_n).$$

E/F 就是 $f(x)$ 的一个分裂域，且 $[E:F] \leqslant n!$。

例 4.1 设 $F = Q$，$f(x) = x^p - 1$，p 为一素数．则 $f(x) = (x - 1)p(x)$，其中 $p(x) = x^{p-1} + x^{p-2} + \cdots + x + 1$。$p(x)$ 在 Q 上不可约，令 $K = Q[x]/(p(x))$，$\zeta = \bar{x} = x + (p(x))$。则 $K = Q(\zeta)$，$\zeta^p = 1$，$\zeta \neq 1$。因为 p 是一素数，ζ 在 K 内生成一 p 阶循环群 $<\zeta> = \{1, \zeta, \cdots, \zeta^{p-1}\}$。而这 p 个元素恰好是 $x^p - 1$ 的全部根，它们叫做 p 次单位根．所以 $Q(\zeta) = Q(\zeta, \zeta^2, \cdots, \zeta^{p-1})$ 就是 $x^p - 1$ 的分裂域，它的次数 $[Q(\zeta):Q] = p - 1$。

设 $F(\alpha)$ 是域 F 的单扩张，α 在 F 上是超越的，Ω 是另一个包含 F 的域．α 在 F 上是超越的，因此 $F[\alpha]$ 可看作 F 关于符号 α 的一元多项式环．对任意的 $\gamma \in \Omega$，存在唯一的 F-同态 $\varphi : F[\alpha] \to \Omega$ 使得 $\varphi(\alpha) = \gamma$。同态 φ 能够开拓到 $F(\alpha)$ 当且仅当 $F[\alpha]$ 中的非零元在 φ 下的像也是 Ω 中的非零元，当且仅当 γ 是超越元．因此，$\varphi \mapsto \varphi(\alpha)$ 定义了一个一一对应
$$\{F\text{-同态 } \varphi : (\alpha) \to \Omega\} \leftrightarrow \{\Omega \text{ 在 } F \text{ 上的超越元}\}.$$

设 $F(\alpha)$ 是域 F 的单代数扩张，α 在 F 上的极小多项式为 $f(x) = a_0 + \cdots + a_n x^n$，考虑 F-同态 $\varphi : F[\alpha] \to \Omega$，应用 φ 到 $a_0 + a_1\alpha + \cdots + a_n\alpha^n = 0$，得到 $a_0 + a_1\varphi(\alpha) + \cdots + a_n\varphi(\alpha)^n = 0$，因此 $\varphi(\alpha)$ 是 $f(x)$ 在 Ω 中的根．反过来，如果 $\gamma \in \Omega$ 是 $f(x)$ 在 Ω 中的一个根，做 F-同态 $\phi : F[x]/(f(x)) \to \Omega$，$g(x) + (f(x)) \mapsto g(\gamma)$，因为 $F[x]/(f(x)) \cong F[\alpha]$，这得到 F-同态 $\varphi : F[\alpha] \to \Omega$，且 $\varphi(\alpha) = \gamma$。因此 $\varphi \mapsto \varphi(\alpha)$ 定义了一个一一对应
$$\{F\text{-同态 } \varphi : F(\alpha) \to \Omega\} \leftrightarrow \{f(x) \text{ 在 } \Omega \text{ 上的根}\}.$$

更一般的，可以得到

定理 4.5 设 $F(\alpha)$ 是域 F 的单扩张，Ω 是域 F 的另一个扩域，$\phi : F \to \Omega$ 是一个同态．

(1) 如果 α 在 F 上是超越的，那么映射 $\varphi \mapsto \varphi(\alpha)$ 定义一个一一对应
$$\{\phi \text{ 的开拓 } \varphi : F(\alpha) \to \Omega\} \leftrightarrow \{\Omega \text{ 在 } \phi(F) \text{ 上的超越元}\}.$$

(2) 如果 α 在 F 上是代数的，极小多项式为 $f(x)$，那么映射 $\varphi \mapsto \varphi(\alpha)$ 定义一个一一对应
$$\{\phi \text{ 的开拓 } \varphi : F[\alpha] \to \Omega\} \leftrightarrow \{\phi f \text{ 在 } \Omega \text{ 上的根}\}.$$

特别地，这样的映射的个数等于 ϕf 在 Ω 上根的个数．

ϕf 表示应用 ϕ 作用于 f 的系数，一个 ϕ 到 $F(\alpha)$ 的开拓意味着一个同态 $\varphi : F(\alpha) \to \Omega$，$\varphi$ 在 F 上的限制是 ϕ。

设 $\sigma : F_1 \to F_2$ 是一个域同构，$F_1[x]$，$F_2[x]$ 分别是 F_1，F_2 上的一元多项式环，则 σ 可唯一地开拓成环同构 $\bar{\sigma} : F_1[x] \to F_2[x]$，$f(x) \mapsto \sigma f$。进一步设 $F_1(\alpha)$，$F_2(\beta)$ 是两个单代数扩张，α，β 分别是 $F_1[x]$ 中不可约多项式 $p(x)$ 和 $F_2[x]$ 中不可约多项式 σp 的根，则 σ 可唯一地开拓成同构 $\bar{\sigma} : F_1(\alpha) \to F_2(\beta)$，使得 $\bar{\sigma}(\alpha) = (\beta)$。

定理 4.6 设 $f(x)$ 是 $F[x]$ 中的首一多项式，Ω 是 F 的扩域且 $f(x)$ 在 Ω 上分裂，K 是

由 $f(x)$ 的根在 F 上生成的扩域.

(1) 存在一个 F-同态 $\varphi: K \to \Omega$, 这样的同态至多有 $|K:F|$ 个. 可以达到 $|K:F|$ 个当且仅当 $f(x)$ 在 Ω 上的根互不相等;

(2) 如果 K, E 都是 $f(x)$ 的分裂域, 那么每一个 F-同态 $\varphi: K \to \Omega$ 都是同构. 特别地, 在 F-同构的意义下, $f(x)$ 的分裂域是唯一的.

证 (1) 设 L 是 Ω 的包含 F 的子域, 首一多项式 $g(x)$ 是 $f(x)$ 在 $L[x]$ 中的因子, 那么在 $\Omega[x]$ 中 $g(x) \mid f(x)$, $g(x)$ 在 $\Omega[x]$ 中是某些一次因式 $x - \alpha_i$ 的乘积. 特别地, $g(x)$ 在 Ω 上分裂, 因此, 如果 $f(x)$ 在 Ω 上的根互不相等, $g(x)$ 在 Ω 上的根也互不相等. 由假设, $K = F[\alpha_1, \cdots, \alpha_m]$, 其中每个 α_i 是 $f(x)$ 的一个根. α_1 的极小多项式是不可约多项式 f_1, 且 $f_1 \mid f$. 这样 f_1 在 Ω 上分裂, 且当 $f(x)$ 在 Ω 上的根互不相等时, f_1 在 Ω 上的根也互不相等. 因此存在 F-同态 $\varphi_1: F[\alpha_1] \to \Omega$, 这样的同态最多有 $|F[\alpha_1]:F|$ 个, 等号成立当且仅当 f_1 在 Ω 上的根互不相等. α_2 在 $F[\alpha_1]$ 上的极小多项式是 $f(x)$ 在 $F[\alpha_1][x]$ 上的一个不可约因子 f_2. 令 $L = \varphi_1 F[\alpha_1]$, $g = \varphi_1 f_2$, 则 $\varphi_1 f_2$ 在 Ω 上分裂, 且当 $f(x)$ 在 Ω 上的根互不相等时, $\varphi_1 f_2$ 在 Ω 上的根也互不相等. 因此 F-同态 φ_1 可开拓为同态 $\varphi_2: F[\alpha_1, \alpha_2] \to \Omega$, 开拓个数最多为 $|F[\alpha_1, \alpha_2]:F|$ 个, 等号成立当且仅当 $f(x)$ 在 Ω 上的根互不相等.

由上述讨论, 存在 F-同态 $\varphi: F[\alpha_1, \alpha_2] \to \Omega$, 这样的同态个数最多为 $|F[\alpha_1, \alpha_2]:F|$ 个, 等号成立当且仅当 $f(x)$ 在 Ω 上的根互不相等. 不断重复至 m 次, 可得结论.

(2) 每一个 F-同态 $\varphi: K \to E$ 都是单的, 如果存在这样的同态, 那么 $|K:F| \leqslant |E:F|$. 如果 K, E 都是 $f(x)$ 的分裂域, 由 (1), 存在 $K \to E$ 和 $E \to K$ 的 F-同态, 因此 $|K:F| = |E:F|$. 因此, 每一个 F-同态 $K \to E$ 是 F-同构.

若一个域扩张 K/F 含有两个中间域 E/F 和 E'/F, 它们是 $f(x) \in F[x]$ 的分裂域, 则 $E = E'$. 因为 $f(x)$ 在 E 和 E' 上的分解都是在 K 中的分解, 因此相同. 若域扩张 $K \supseteq E \supseteq F$, 且 E 是 $f(x) \in F[x]$ 的分裂域. 对 K 的任一个 F-自同构 φ, $\varphi(E)$ 是 φf 的分裂域, 但 $f = \varphi f$, 因此 $\varphi(E) = E$.

推论 4.1 设 E, L 是 F 的扩域, E 在 F 上是有限的. 那么最多有 $|E:F|$ 个不同的 F-同态 $E \to L$; 存在 L 的有限扩张 Ω/L, 且有 $E \to \Omega$ 的 F-同态.

证 由题意可设 $E = F[\alpha_1, \cdots, \alpha_m]$, 令 $f(x) \in F[x]$ 是每个 α_i 的极小多项式的乘积, 则 E 可看成由 $f(x)$ 的根在 F 上生成的. Ω 是 $f(x) \in L[x]$ 的分裂域, 定理说存在 F-同态 $E \to \Omega$, 且这样的同态至多有 $|E:F|$ 个. F-同态 $E \to L$ 可看作 F-同态 $E \to \Omega$, 因此第一个结论也成立.

定理 4.7 一个有限扩张 K/F 是正规扩张的充要条件是 K 为 $F[x]$ 的某个多项式的分裂域.

证 设 K/F 为一有限正规扩张, 则 K 可以写成 $K = F(\alpha_1, \alpha_2 \cdots, \alpha_m)$, α_i 在 F 上是代数的. 令 $f(x) \in F[x]$ 是每个 α_i 的极小多项式 $f_i(x)$ 的乘积, 由于 K/F 正规. 因此每个 $f_i(x)$, 于是 $f(x)$ 在 K 内可完全分解成一次因式的乘积, 因此 K 是 $f(x)$ 的分裂域.

反之，设 K/F 是 $f(x) \in F[x]$ 的分裂域，设 $p(x) \in F[x]$ 为一不可约多项式，且在 K 中有一根 α. 需要证明 $p(x)$ 在 K 内完全分解. 设 E/K 是 $p(x)$ 在 K 上的分裂域，则 E/F 是 $f(x)p(x)$ 在 F 上的分裂域. 设 β 为 $p(x)$ 在 E 内的任一根，由定理 4.6，存在 K 到 E 的 F - 自同态 φ，使得 $\varphi(\alpha) = \beta$. 由分裂域的性质，$\varphi(K) = K$，从而 $\varphi(\alpha) = \beta \in K$，因此 $p(x)$ 在 K 内完全分解.

4. 可分扩张

域 F 上一个正次数多项式 $f(x)$ 在它的分裂域 E 内可以唯一地写成
$$f(x) = c(x - \alpha_1)^{e_1} \cdots (x - \alpha_n)^{e_n}, e_i \geqslant 1.$$
其中 α_1，$\alpha_2 \cdots$，$\alpha_n \in E$ 两两不同. 这种分解与分裂域的选择无关（为什么?）. α_i 叫做 $f(x)$ 在 E 内的 e_i 重根，当 $e_i = 1$ 时，α_i 叫做**单根**. 若 $e_i > 1$，则 α_i 叫做**重根**.

定义 4.8 设 $f(x) = a_0 + a_1 x + \cdots + a_n x^n$ 是域上的多项式，$f(x)$ 的形式**微商** $f'(x)$ 定义为
$$f'(x) = n a_n x^{n-1} + (n-1) a_{n-1} x^{n-2} + \cdots + a_1.$$
这个定义与系数所属的域没有关系. 形式微商有如下基本性质：

(1) $x' = 1$;

(2) $(f(x) + g(x))' = f'(x) + g'(x)$;

(3) $(af(x))' = af'(x)$;

(4) $(f(x) \cdot g(x))' = f'(x) \cdot g(x) + f(x) \cdot g'(x)$.

引理 4.1 设 $f(x) \in F[x]$，$x = \alpha$ 是 $f(x)$ 在它的分裂域 E 内的一个 k 重根，$k \geqslant 1$. 设域 F 的特征为 $\chi(F)$.

(1) 若 $\chi(F) \nmid k$，则 $x = \alpha$ 是 $f'(x)$ 的 $k-1$ 重根（当 $k = 1$ 时，0 重根即 $f'(\alpha) \neq 0$）；

(2) 若 $\chi(F) \mid k$，则 $x = \alpha$ 至少是 $f'(x)$ 的 k 重根.

证 在 E 内，$f(x) = (x - \alpha)^k \cdot g(x)$，$g(\alpha) \neq 0$，于是
$$f'(x) = k(x - \alpha)^{k-1} g(x) + (x - \alpha)^k g'(x)$$
$$= (x - \alpha)^{k-1} (kg(x) + (x - \alpha) g'(x)) = (x - \alpha)^{k-1} q(x),$$
其中，$q(x) = kg(x) + (x - \alpha) g'(x)$.

若 $\chi(F) \nmid k$，则 $k \neq 0$（在 E 内），$(x - \alpha) \nmid q(x)$，所以 $x = \alpha$ 是 $f'(x)$ 的 $k-1$ 重根. 若 $\chi(F) \mid k$，则 $k = 0$（在 E 内），此时，$f'(x) = (x - \alpha)^k g'(x)$，$x = \alpha$ 至少是 $f'(x)$ 的 k 重根.

定理 4.8 $F[x]$ 内一个正次数多项式 $f(x)$ 在它的分裂域 E 内无重根的充要条件是 $(f(x), f'(x)) = 1$，即 $f(x)$ 与 $f'(x)$ 互素.

证 设 $f(x)$ 在 E 内无重根，则 $f(x)$ 在 E 内的每个根 α 都是单根. 无论 $\chi(F) = 0$ 或 $p > 0$，总有 $\chi(F) \nmid 1$. 由上述引理，α 不是 $f(x)$ 的根. 设 $(f(x), f'(x)) = d(x)$，则

$d(x) = 1$，否则 $d(x)$ 在 E 内的根将是 $f(x)$ 和 $f'(x)$ 的公共根．反之，设 $f(x)$ 在 E 内有一个 k 重根，$k > 1$．由引理可知，α 至少是 $f'(x)$ 的 $k-1$ 重根，$k-1 > 0$，因而 α 是 $(f(x)$，$f'(x)) = d(x)$ 的根，$d(x)$ 不是常数，所以 $f(x)$ 和 $f'(x)$ 互素．

如果 $\chi(F) = 0$，那么 $F[x]$ 的任一不可约多项式在它的分裂域内只有单根．

推论 4.2　一个正次数不可约多项式 $p(x)$ 在它的分裂域内有重根的充要条件是 $p'(x) = 0$．

证　$p(x)$ 在它的分裂域内有重根的充要条件是 $(p(x)$，$p'(x)) = d(x)$ 非常数，由于 $p(x)$ 是不可约多项式，所以 $d(x) = p(x)$，从而 $p(x) \mid p'(x)$，但是 $p'(x)$ 的次数比 $p(x)$ 低，所以 $p'(x) = 0$．

例 4.2　如果域的特征为 $\chi(F) = 0$，则 $F[x]$ 的任一不可约多项式在它的分裂域内只有单根．这是因为任一不可约多项式 $p(x)$ 的次数大于 0，设不可约多项式

$$p(x) = x^r + a_1 x^{r-1} + \cdots + a_r \in F[x], r > 0,$$

于是 $p'(x) = rx^{r-1} + (r-1)a_1 x^{r-2} + \cdots + a_{r-1}$，因为 $\chi(F) = 0$，在 F 内 $r \neq 0$，因而 $p'(x) \neq 0$，由上述推论，$p'(x)$ 在它的分裂域内只有单根．

定义 4.9　$F[x]$ 内一个不可约多项式 $p(x)$ 叫做 F 上的可分多项式，如果 $p(x)$ 在它的分裂域内只有单根．任意一个非常数多项式 $f(x) \in F[x]$ 叫做 F 上的可分多项式，如果它的每个不可约因式都是可分的．否则 $f(x)$ 叫做 F 上的不可分多项式．设 K/F 为一代数扩张，$\alpha \in K$ 叫做 F 上的可分元，如果 α 的极小多项式是 F 上的可分多项式，否则 α 叫做 F 上的不可分元．一个代数扩张 K/F 叫做可分扩张，如果 K 的每个元素都是可分元，否则 K/F 叫做不可分扩张．

例 4.3　（1）特征 0 的域上的不可约多项式都是可分的，因而特征 0 的域上任何代数扩张都是可分扩张；

（2）K/F 是可分正规的当且仅当 K 的每个元素 α 的极小多项式在 K 上有 $|F[\alpha] : F|$ 个不同的根；

（3）有限域上的不可约多项式都是可分多项式．证明在第 5 章第 1 节给出．

5.　Galois 扩张

域 K 的全部自同构组成一个群，记作 $\mathrm{Aut}(K)$．设 K/F 是域扩张，$K \to K$ 的 F – 同构称为 K 的 F – 自同构．如果仅考虑 K 的 F – 自同构，也构成一个群，称为 K/F 的 Galois 群，记作 $\mathrm{Gal}(K/F)$ 或 $\mathrm{Aut}(K/F)$．

令 $K = F(x)$，对每个 $0 \neq a \in F$，令 $\tau_a : f(x)/g(x) \to f(ax)/g(ax)$，对任意的 $f(x)$，$g(x) \in F[x]$，则 $\tau_a \in \mathrm{Aut}(K/F)$，$\{\tau_a \mid 0 \neq a \in F\}$ 是 $\mathrm{Aut}(K/F)$ 的一个子群．

设 $f(x)$ 是 $F[x]$ 上可分多项式，K 是 $f(x)$ 的分裂域．因为 $f(x)$ 有 $\deg f(x)$ 个不同的根，由定理 4.6 知，F – 自同态 $K \to K$ 的个数是 $|K : F|$．因为 K/F 是有限扩张，所有这样的 F –

自同态都是同构，因此群 $\mathrm{Aut}(K/F)$ 的阶是 $|K:F|$.

设 G 是 $\mathrm{Aut}(K)$ 的任一子集，定义

$$K^G = \mathrm{Inv}(G) = \{x \in K \mid \tau(x) = x, \tau \in G\},$$

它是 K 的子域，称为 G-**不变子域**或 G 的**不动域**.

设 $K = Q(\sqrt[3]{2})$，则 $\mathrm{Gal}(K/Q) = I$ 单位元群，此时 $\mathrm{Inv}(I) = K$. 对于任意域扩张 K/F，设 L 是 F 和 K 的任一中间域，则 $L \subseteq K^{\mathrm{Aut}(K/L)}$. 对于 $\mathrm{Aut}(K/F)$ 的任一子群 H，$H \subseteq \mathrm{Aut}(K/K^H)$.

定理 4.9 (E. Artin) 设 G 是域 K 的一个有限自同构群，F 为它的不动域，则 $|K:F| \leqslant |G|$.

证 设 $G = \{\sigma_1 = 1, \sigma_2, \cdots, \sigma_m\}$，只需证明 K 中任意 $n(n > m)$ 个元素 $\{\alpha_1, \cdots, \alpha_n\}$ 在 F 上线性相关. 考查系数在 K 中的方程组

$$\begin{cases} \sigma_1(\alpha_1)x_1 + \cdots + \sigma_1(\alpha_n)x_n = 0, \\ \qquad\qquad \vdots \\ \sigma_m(\alpha_1)x_1 + \cdots + \sigma_m(\alpha_n)x_n = 0. \end{cases}$$

因为 $n > m$，所以方程组有非平凡解. 选择解中非零元最少的解 $(c_1, \cdots, c_n)$，通过重新排列 α_i，可以假定 $c_1 \neq 0$，通过乘上 K 中一个元素，可以假定 $c_1 \in F$. 通过这样的操作，下面将证明所有的 $c_i \in F$. 那样，第一个方程即为

$$\alpha_1 c_1 + \cdots + \alpha_n c_n = 0,$$

因此 $\{\alpha_1, \cdots, \alpha_n\}$ 线性相关. 假如不是所有的 c_i 都在 F 中，设对某个 $k > 1$，$i > 1$，$\sigma_k(c_i) \neq c_i$. 把 σ_k 作用在方程组

$$\begin{cases} \sigma_1(\alpha_1)c_1 + \cdots + \sigma_1(\alpha_n)c_n = 0, \\ \qquad\qquad \vdots \\ \sigma_m(\alpha_1)c_1 + \cdots + \sigma_m(\alpha_n)c_n = 0. \end{cases}$$

上，因为 $\{\sigma_k\sigma_1, \cdots, \sigma_k\sigma_m\}$ 是 $\{\sigma_1, \sigma_2, \cdots, \sigma_m\}$ 的一个置换，$(c_1, \sigma_k(c_2), \cdots, \sigma_k(c_i), \cdots)$ 也是原方程组的一组解. 和第一组解 $(c_1, \cdots, c_n)$ 相减，得到一组非零解

$$(0, \cdots, c_i - \sigma_k(c_i), \cdots),$$

但比 $(c_1, \cdots, c_n)$ 有更多的零元，矛盾.

推论 4.3 设 G 是域 K 的一个有限自同构群，那么 $G = \mathrm{Aut}(K/K^G)$.

证 因为 $G \subseteq \mathrm{Aut}(K/K^G)$，由定理 4.9 和推论 4.1，得到

$$|K:K^G| \leqslant |G| \leqslant |\mathrm{Aut}(K/K^G)| \leqslant |K:K^G|.$$

因此 $G = \mathrm{Aut}(K/K^G)$.

定义 4.10 设 K/F 是代数扩张. 若 $\mathrm{Aut}(K/F)$ 的不动域恰好等于 F，则称 K/F 是 Galois 扩张，或称 K 在 F 上是 Galois 的.

例 4.4 （1）若 K/F 是有限 Galois 扩张，由推论 4.3，$|\mathrm{Gal}(K/F)| = |K:F|$.

（2）设 K 有一个有限自同构群 G 以 F 为不动域. 由定义 $F \subseteq \text{Inv}(\text{Gal}(K/F))$. $G \subseteq \text{Gal}(K/F)$，则 $\text{Inv}(\text{Gal}(K/F)) \subseteq \text{Inv}(G) = F$，从而 K/F 是 Galois 扩张. 进一步，$G = \text{Gal}(K/F)$.

（3）若有限扩张 K/F 有一个 F–自同构群 G 使得 $|G| = |K/F|$，则 K/F 是 Galois 扩张，$G = \text{Gal}(K/F)$.

以下 Galois 理论基本结果的证明见文献 [2，11，12].

定理 4.10（Galois 基本定理） 设 K/F 是有限 Galois 扩张，则

（1）K/F 的中间域集 $\{L\}$ 与 $\text{Gal}(K/F)$ 的子群集 $\{H\}$ 之间有一个一一对应，称为 Galois 对应：$L \mapsto \text{Gal}(K/L)$，$H \mapsto K^H$；

（2）H 是 $\text{Gal}(K/F)$ 的正规子群当且仅当 K^H/F 是正规扩张；

（3）对于任一 $\sigma \in \text{Gal}(K/F)$，有 $K^{(\sigma H \sigma^{-1})} = \sigma(K^H)$.

推论 4.4 设 E 为域扩张 K/F 的中间域，K/F 和 E/F 都是有限 Galois 扩张，则 $\text{Gal}(E/F) \cong \text{Gal}(K/F)/\text{Gal}(K/E)$.

推论 4.5 设 E/F 是代数扩张，K/F 是有限 Galois 扩张，$K \cap E = F$，则 KE/E 是有限 Galois 扩张，且 $\text{Gal}(KE/E) \cong \text{Gal}(K/F)$.

定理 4.11 一个有限 K/F 是 Galois 扩张当且仅当 K/F 是一个可分正规扩张. 或者说一个是有限 K/F 是 Galois 扩张当且仅当 K 是 F 上一个可分多项式的分裂域.

例 4.5 令 $K = Q(\sqrt{2}, \sqrt{3})$，则 K 是 $(x^2-2)(x^2-3)$ 的分裂域，所以 K/Q 是 Galois 扩张. K 的自同构必然将 $\sqrt{2}$ 映为 $\pm\sqrt{2}$，将 $\sqrt{3}$ 映为 $\pm\sqrt{3}$. 令 $\sigma \in \text{Gal}(K/Q)$ 满足 $\sigma(\sqrt{2}) = -\sqrt{2}$，$\sigma(3) = \sqrt{3}$，$\rho \in \text{Gal}(K/Q)$ 满足 $\rho(\sqrt{2}) = -\sqrt{2}$，$\rho(3) = -\sqrt{3}$，$\rho \in \text{Gal}(K/Q)$ 满足 $\tau(\sqrt{2}) = \sqrt{2}$，$\tau(3) = -\sqrt{3}$. 则 $\text{Gal}(K/Q) = \{\text{id}, \sigma, \rho, \tau\}$. $\text{Gal}(K/Q)$ 有五个子群，即 $\{\text{id}\}$，$\langle\sigma\rangle$，$\langle\rho\rangle$，$\langle\tau\rangle$ 和 $\text{Gal}(K/Q)$ 自身. 它们的不动域分别为 $K, Q(\sqrt{3}), Q(\sqrt{2}), Q(\sqrt{6})$ 和 Q.

定理 4.12 Galois 定理：设 F 是特征 0 的域，$f(x) \in F[x]$，E 是 $f(x)$ 在 F 上的分裂域，则 $f(x) = 0$ 可用根式解的充要条件是 $\text{Gal}(E/F)$ 为可解群.

第 4 章 习题

1. 设 K 是域 F 的扩张，设 $\alpha \in K - F$，对任意的 $a \in F^*$，求证：a，α 是 F–线性无关的.

2. 求证：$Q(\sqrt{3}) = Q[\sqrt{3}]$，$Q(\sqrt[3]{2}) = Q[\sqrt[3]{2}]$，并计算 $|Q(\sqrt[3]{2}):Q|$.

3. 求证：$Q(\sqrt{2}, \sqrt{3}) = Q(\sqrt{2}+\sqrt{3})$，并计算 $|Q(\sqrt{2},\sqrt{3}):Q|$.

4. 求证：$Q(\sqrt{2}, \sqrt{5}) = Q(\sqrt{2}+\sqrt{5})$，并计算 $|Q(\sqrt{2}+\sqrt{5}):Q|$.

5. 求证：x^2+1 是 R 上的不可约多项式.

6. 分别计算 $\sqrt{2}$，$\sqrt[3]{2}$，$\sqrt{2}+\sqrt{5}$，$1/(\sqrt{-1}-1)$，$\sqrt[4]{2}$ 在 Q 上的极小多项式.

7. 求 $f(x) = x^4-2$，$g(x) = x^3-2$ 在 Q 上的分裂域，并计算扩张次数.

8. 求 $f(x) = (x^2 - 3)(x^2 - 5)$ 在 Q 上的分裂域，并计算扩张次数.

9. 求下列 $Q[x]$ 中的多项式的分裂域及其分裂域的自同构的个数：

$$x^2 + 3, \ x^5 - 1, \ x^5 - 3, \ x^3 - 2, \ (x^2 - 2)(x^3 - 2).$$

10. 设 F 为一域，$F^* = F - \{0\}$，则 F^* 的任一有限子群都是循环群. F^* 是循环群当且仅当 F 是有限域.

11. 求证：$x^5 + x + 1$ 在 $Z_2[x]$ 中不可约.

12. 求下列扩域的基：$K = Q(\sqrt{2}, \sqrt{3})$，$K = Q(\sqrt{3}, \ \sqrt{-1}, \ \frac{1}{2}(-1 + \sqrt{-3}))$，$K = Q(\sqrt[4]{2})$.

13. 求证：每个域都至少有一个代数闭扩张.

14. 设 η 是复数域中一个本原 $n(n > 2)$ 次单位根，求证：$|Q(\eta + \eta^{-1}) : Q| = \frac{1}{2}\varphi(n)$，其中，$\varphi$ 是欧拉函数.

15. （单扩张定理）有限可分扩张是单扩张.

16. 举例说明有限扩张不一定是单扩张.

17. 设 F 是特征 $p > 0$ 的域. 求证：

(1) 若 $f(x) \in F[x]$ 不可约，且 $(\deg f(x), p) = 1$，则 $f(x)$ 是 F 上的可分多项式；

(2) 若有限扩张 K/F 的扩张次数与 p 互素，则 K/F 是可分扩张.

18. 设 $p_1, p_2, \cdots, p_m$ 是两两不同的素数，$K = Q(\sqrt{p_1}, \sqrt{p_2}, \cdots, \sqrt{p_m})$，求 $\mathrm{Gal}(K/Q)$.

19. 求下列多项式在 Q 上的分裂域的 Galois 群，并求它们的子群及其不动域.

(1) $x^3 - 3x - 1$；(2) $x^3 - x - 1$；(3) $x^4 - 2$；(4) $x^4 - 10x^2 + 1$.

20. 求 $x^4 - 2$ 在 $Q(\sqrt{-1})$ 上的分裂域的 Galois 群.

21. 求证：实数域的自同构只有恒等自同构.

22. 设 F 是特征 $p > 0$ 的域. 求证：如果 $\alpha \in F$ 但 $\alpha \notin F^p = \{a^p \mid a \in F\}$，则 $x^{p^e} - \alpha$ 在 $F[x]$ 中不可约（对任意的 $e \geqslant 1$）.

23. 设 $F[x, y]$ 是域 F 上的二元多项式环. 求证：$\sqrt{(x^2, y^2)} = (x, y)$.

24. 设 $F[x, y, z]$ 是域 F 上的三元多项式环. 理想 $I = (x^3 - yz, y^3 - xz, z^3 - xy)$ 是根理想吗？若不是，求出 $\sqrt{I}$ 的生成元.

第5章

有 限 域

1. 有限域的结构

F 的单位元 e 通过加法生成 F 的一个子环

$$F_0 = \{ne \mid n \in Z\}.$$

当 F 的特征为 0 时，$F_0 \cong Z$. 因为 F_0 的分式域与有理数域 Q 同构，将 ne 与 n 等同，则 Q 可看作 F 的子域，是 F 的素子域. 当 F 的特征为 p 时，$F_0 \cong Z_p$，于是 Z_p 可看作 F 的素子域.

因此，如果 F 是一个有限域，那么它的特征一定不等于 0. 这是因为如果它的特征等于 0，那么它的素子域 F_0 就与有理数域同构，而有理数域是一个无限域. 同构的域有相同的特征.

定理 5.1 设 F 是特征 p 的域，a, $b \in F$，则

$$(a+b)^p = a^p + b^p.$$

证 根据二项式定理，我们有

$$(a+b)^p = \sum_{i=0}^{p} \binom{p}{i} a^{p-i} b^i.$$

因为

$$\binom{p}{i} = \frac{p!}{i!(p-i)!}$$

是 p 中取 i 的组合数，所以一定是个整数. 显然 $p \mid p!$. 又因为 p 是素数，所以当 $0 < i < p$ 时，一定有 $p \nmid i!(p-i)!$. 所以，当 $0 < i < p$ 时

$$p \left| \binom{p}{i}. \right.$$

于是，当 $0 < i < p$ 时，

$$\binom{p}{i} a^i b^{p-i} = 0.$$

因此

$$(a + b)^p = a^p + b^p.$$

推论 5.1 设 F 是特征 p 的域，a，$b \in F$. 则

$$(a - b)^p = a^p - b^p.$$

证 由定理 5.1，有

$$(a - b)^p = (a + (-b))^p = a^p + (-b)^p = a^p + ((-1)b)^p = a^p + (-1)^p b^p.$$

当 $p > 2$ 时，p 是奇数，$(-1)^p = -1$. 因此

$$(a - b)^p = a^p - b^p.$$

当 $p = 2$ 时，对任意的 $a \in F$，有 $2a = 0$. 因此 $a = -a$. 从而

$$(a - b)^2 = a^2 + b^2 = a^2 - b^2.$$

推论 5.2 设 F 是特征 p 的域，a_1，a_2，$\cdots$，a_m 是 F 中的任意 m 个元素. 则

$$(a_1 + a_2 + \cdots + a_m)^p = a_1^p + a_2^p + \cdots + a_m^p.$$

推论 5.3 设 F 是特征 p 的域，a，$b \in F$，n 是任意非负整数. 则

$$(a \pm b)^{p^n} = a^{p^n} \pm b^{p^n}.$$

将 F 中任一元素都映到它自身的恒等映射

$$a \mapsto a, \ \forall a \in F$$

是 F 的一个自同构，这个自同构叫做恒等自同构.

定理 5.2 设 F 是特征 p 的域，对任意非负整数 n，映射

$$\sigma_n: F \rightarrow F, a \mapsto a^{p^n}$$

是 F 的一个自同构.

证 首先证明 σ_n 是一个双射. 设 $\sigma_n(a) = \sigma_n(b)$，即 $a^{p^n} = b^{p^n}$. 由推论 5.3，有 $(a - b)^{p^n} = a^{p^n} - b^{p^n} = 0$，因此 $a - b = 0$，$a = b$. 又因为 F 是有限域，所以 σ_n 也是满射. 因此 σ_n 是从 F 到 F 的一个双射. 其次，由推论 5.4 有，

$$(a + b)^{p^n} = a^{p^n} + b^{p^n}.$$

因此

$$\sigma_n(a + b) = \sigma_n(a) + \sigma_n(b).$$

由乘法交换律，有

$$(ab)^{p^n} = a^{p^n} b^{p^n}.$$

这证明了 σ_n 是 F 的一个自同构.

定义 5.1 含 p^m 个元素的有限域习惯记成 $GF(P^m)$ 或 F_{p^m}. 态射 $\sigma: x \mapsto x^p$ 是 $GF(P^m)$ 的一个自同构，叫做 $GF(P^m)$ 的 Frobenius 自同构，这是有限域上最重要的一个自同构.

作为 Frobenius 自同构的一个推论，$GF(P^m)$ 中的每个元素 a 可以开 p 次方.

由循环群的性质可证下面的定理.

定理 5.3 设 R 为一整环，R^* 为一乘法幺半群，则 R^* 的任一有限子群都是循环群.

证 设 G 为 R^* 的一个 n 阶有限子群，则 G 是 Abel 群. 对 n 的每个因子 d，由推论 3.3，$x^d = 1$ 在 R 内最多有 d 个不同的根，因此 G 中最多有 d 个元素，其阶整除 d. 由定理 2.9，G 是循环群.

由此，任一域的乘法群的有限子群都是循环群，因此有限域的乘法群是循环群.

定义 5.2 有限域的乘法群的生成元叫做这个有限域的本原元.

推论 5.4 设 F 是 q 元有限域，那么 F 有 $\varphi(q-1)$ 个本原元，其中 φ 为欧拉函数.

定义 5.3 设 F_q 是 q 元有限域，g 是 F_q 的一个本原元. 有限域 F_q 中的离散对数问题是指：给定 F_q 中的一个非零元 h，求解正整数 n，使得

$$h = g^n$$

把 n 叫做 h 相对于本原元 g 的离散对数，记作 $n = \log_g h$.

离散对数问题历史悠久，但未曾有过有效的求解算法，人们普遍认为这个问题极其困难，而被广泛应用于密码协议的设计.

对每个素数 p 都存在一个特征 p 的域，诸如整数模 p 的剩余类域 $F_p = Z/pZ$. 设 K 为特征 p 的有限域，则 K 包含 F_p 作为子域. K 自然地可以看成 F_p 上的有限维线性空间. 设 K 对 F_p 的维数为 n，$u_1, \cdots, u_n$ 为它的一个基. 于是 K 的每个元素 α 可唯一的表成 $u_1, \cdots, u_n$ 的线性组合

$$\alpha = a_1 u_1 + \cdots + a_n u_n, \ a_i \in F_p,$$

其中 $a_1, \cdots, a_n$ 可以独立地取 0，1，$\cdots$，$p-1$. 这样 K 恰由 p^n 个元素组成. 这对 K 的基数作了规定，即 K 的基数只能是它的特征的一个方幂，幂指数等于 K 对 F_p 扩张次数.

定理 5.4 对每个素数 p 和任一正整数 n，存在唯一的含有 p^n 个元素的有限域，它就是 $x^{p^n} - x$ 在 F_p 上的分裂域. 除此之外无其他 p^n 阶有限域.

证 设 E 是 $x^{p^n} - x$ 在 F_p 上的分裂域. 由于微商 $(x^{p^n})' = p^n x^{p^n-1} - 1 = -1 \neq 0$，所以 $x^{p^n} - x$ 只有单根，于是 $x^{p^n} - x$ 在 E 内有 p^n 个互不相同的根. 设这 p^n 个根为 $\alpha_1, \cdots, \alpha_{p^n}$，令 $K = \{\alpha_1, \cdots, \alpha_{p^n}\}$. 对于 $\alpha, \beta \in K$，有 $\alpha^{p^n} = \alpha$，$\beta^{p^n} = \beta$，于是

$$(\alpha - \beta)^{p^n} = \alpha - \beta, \ \left(\frac{\alpha}{\beta}\right)^{p^n} = \frac{\alpha^{p^n}}{\beta^{p^n}} = \frac{\alpha}{\beta}, \ \beta \neq 0.$$

从而 $\alpha - \beta$，$\frac{\alpha}{\beta}(\beta \neq 0)$ 属于 K，显然 0，1 也属于 K，所以 K 是 E 的子域，且 K 是有 p^n 个元素的有限域. 因为 $F_p \subseteq K$，这样 $K = E$.

下面证明唯一性. 设 $|K| = p^n$，则 K 的乘法群 K^* 是 $p^n - 1$ 阶循环群. K^* 的每个元素都是方程 $x^{p^n-1} = 1$ 的根，因而 K 的每个元素都是 $x^{p^n} - x = 0$ 的根. 但 $x^{p^n} - x = 0$ 最多有 p^n 个根，所以 K 的元素恰好是 $x^{p^n} - x$ 的全部根. 由 $F_p \subseteq K$ 可知 K 是 $x^{p^n} - x$ 在 F_p 上的分裂域.

推论 5.5 设 F 是一个有限域，它包含有一个 q 元的有限域 F_q 作为子域，那么 F 的元素个数一定是 q 的方幂. F_q 中的每个元素 α 都适合条件 $\alpha^q = \alpha$. 如果 F 中的元素 β 适合

$\beta^q = \beta$，则 $\beta \in F_q$.

推论5.6 设 F_{p^n} 是 p^n 元有限域. F_1 是 F_{p^n} 的一个子域，那么 F_1 的元素个数一定是 p^m，其中 m 为 n 的某一个因子. 反过来，对 n 的任一个因子 m，F_{p^n} 有唯一的一个含有 p^m 个元素的子域. 设 F_{p^r} 和 F_{p^s} 都是 F_{p^n} 的子域，那么 $F_{p^r} \subseteq F_{p^s}$ 当且仅当 $r \mid s$.

例5.1 设 F_q 是 q 元有限域，$f(x)$ 是 F_q 上的一个 n 次不可约多项式，对任意的 $a(x)$，$b(x) \in F_q[x]/(f(x))$，规定

$a(x) + b(x) = (a(x) + b(x))(\bmod f(x))$，$a(x) \cdot b(x) = (a(x)b(x))(\bmod f(x))$，

那么 $F_q[x]/(f(x))$ 在上述加法和乘法运算下构成一个 q^n 元有限域. 因为 $x \in F_q[x]/(f(x))$，所以 $x^{q^n} - x = 0 (\bmod f(x))$，即 $f(x) \mid (x^{q^n} - x)$.

例5.2 令 $f(x) = x^4 + x^2 + 1$，则 $f(x)$ 是 $F_2[x]$ 上的不可约多项式. 从而在同构的意义下，$F_2[x]/(f(x)) = F_{16}$. 进一步，x 是 F_{16}^* 的一个本原元，这是因为 $|F_{16}^*| = 15 = 3 \cdot 5$，而 x^3，$x^5 \not\equiv 1 \bmod x^4 + x^2 + 1$. 对 $0 \leq i \leq 14$，在 F_{16} 中，可计算

$$x^0 = 1, \quad x^1 = x, \quad x^2 = x^2,$$
$$x^3 = x^3, \quad x^4 = x + 1, \quad x^5 = x^2 + x,$$
$$x^6 = x^3 + x^2, \quad x^7 = x^3 + x + 1, \quad x^8 = x^2 + 1,$$
$$x^9 = x^3 + x, \quad x^{10} = x^2 + 1 + 1, \quad x^{11} = x^3 + x^2 + x,$$
$$x^{12} = x^3 + x^2 + x + 1, \quad x^{13} = x^3 + x^2 + 1, \quad x^{14} = x^3 + 1.$$

定理5.5 对任意的有限域 F_q 和正整数 n，一定存在 F_q 上的 n 次不可约多项式.

证 由上述定理知存在有限域 F_{q^n}，且 $|F_{q^n} : F_q| = n$. 设 $\xi \in F_{q^n}$ 是 F_{q^n} 的本原元，则 $F_q(\xi) \subseteq F_{q^n}$. 又由于 $\xi \in F_{q^n}$ 是 F_{q^n} 的本原元，所以 $F_{q^n} \subseteq F_q(\xi)$，因此 $F_{q^n} = F_q(\xi)$. 从而 ξ 的极小多项式的次数为 n，是 F_q 上的一个不可约多项式.

设 a 和 b 是两个整数，$b \neq 0$. 由带余除法，a 可以唯一表示成

$$a = qb + r, \quad 0 \leq r < |b|.$$

记 $r = (a)_b$.

定理5.6 设 F 是 q^n 元有限域，F_q 是它的一个子域. 设 α 在 F^* 中的阶为 k，则 $(q, k) = 1$. 假定 $(q)_k$ 在 Z_k^* 中的阶是 m，则 α 在 F_q 上的极小多项式 $f(x)$ 是 m 次的，α，α^q，α^{q^2}，$\cdots$，$\alpha^{q^{m-1}}$ 就是 $f(x)$ 的 m 个互不相同的根，它们在 F^* 中的阶都是 k.

证 设 α 在 F^* 中的阶为 k，因为 $|F| = q^n$，所以 $\alpha^{q^n - 1} = 1$ 且 $k \mid (q^n - 1)$. 因为 $\gcd(q^n - 1, q) = 1$，因此 $\gcd(q, k) = 1$. 于是 $(q)_k \in Z_k^*$. 将 α 在 F_q 上的极小多项式 $f(x)$ 写成

$$f(x) = a_0 + a_1 x + a_2 x^2 + \cdots + a_{t-1} x^{t-1} + x^t, \quad a_i \in F_q,$$

那么

$$f(\alpha) = a_0 + a_1 \alpha + a_2 \alpha^2 + \cdots + a_{t-1} \alpha^{t-1} + \alpha^t = 0.$$

因为 q 是 F 的特征的一个幂，所以

$$0 = f(\alpha)^q$$
$$= a_0^1 + a_1^q \alpha^q + a_2^q (\alpha^2)^q + \cdots + a_{t-1}^q (\alpha^{t-1})^q + (\alpha^t)^q$$

$$= a_0 + a_1 \alpha^q + a_2(\alpha^q)^2 + \cdots + a_{t-1}(\alpha^q)^{t-1} + (\alpha^q)^t.$$

这就是说 α^q 也是 $f(x)$ 的一个根. 同理可知, α^{q^2}, α^{q^3}, $\cdots$ 都是 $f(x)$ 的根. 再设 $(q)_k$ 在 Z_k^* 中的阶是 m, 即 $(q)_k^m = 1$, 于是 $k \mid (q^m - 1)$, 因而 $\alpha^{q^m-1} = 1$, 因此

$$\alpha^{q^m} = \alpha.$$

再证 α, α^q, α^{q^2}, $\cdots$, $\alpha^{q^{m-1}}$ 这 m 个元素两两不同. 假定 $\alpha^{q^i} = \alpha^{q^j}$, $0 \leqslant i \leqslant j \leqslant m-1$, 那么 $\alpha^{q^i - q^j} = 1$. 于是 $k \mid (q^i - q^j)$, 因为 $\gcd(q, k) = 1$, 所以 $k \mid (q^{j-i} - 1)$, 即 $(q)_k^{j-i} = 1$, 因此 $m \mid (j-i)$, 所以 $i = j$. 这就证明了 m 个元素

$$\alpha, \ \alpha^q, \ \alpha^{q^2}, \ \cdots, \ \alpha^{q^{m-1}}$$

是 $f(x)$ 的 m 个互不相同的根.

令

$$g(x) = (x - \alpha)(x - \alpha^q)(x - \alpha^{q^2}) \cdots (x - \alpha^{q^{m-1}}) = b_0 + b_1 x + b_2 x^2 + \cdots + b_m x^m$$

其中

$$b_i = g_i(\alpha, \alpha^q, \cdots, \alpha^{q^{m-1}}) \in F,$$

而 $g_i(x_0, x_1, \cdots, x_{m-1})$ 是 F_q 上的 m 个未定元 x_0, x_1, $\cdots$, x_{m-1} 的多项式. 因为 $\alpha^{q^m} = \alpha$, 所以

$$g(x) = (x - \alpha^q)(x - \alpha^{q^2}) \cdots (x - \alpha^{q^{m-1}})(x - \alpha^{q^m}),$$

于是对于 $i = 0$, 1, $2 \cdots$, m, 有

$$b_i = g_i(\alpha^q, \alpha^{q^2}, \cdots, \alpha^{q^{m-1}}, \alpha^{q^m}) = (g_i(\alpha, \alpha^q, \cdots, \alpha^{q^{m-1}}))^q = b_i^q.$$

因此, 对任意的 i, $b_i \in F_q$, 有 $g(x) \in F_q[x]$. 又因为 $g(x)$ 的根均是 $f(x)$ 的根, 所以 $g(x) \mid f(x)$, 但 $f(x)$ 不可约, 所以 $f(x) = g(x)$. 这证明了 $f(x)$ 是 m 次多项式, 并且 α, α^q, α^{q^2}, $\cdots$, $\alpha^{q^{m-1}}$ 是它的 m 个互不相同的根. 因为 $\gcd(q, k) = 1$, 所以对任意的 $0 \leqslant i \leqslant m-1$, α^{q^i} 都是 F^* 中阶为 k 的元素.

设 F_q 是 q 元有限域. $f(x)$ 是 F_q 上的一个 n 次不可约多项式, 并假定 $f(x) \neq x$. 把 F_q 看作 F_{q^n} 的一个子域, 比如取 $F_{q^n} = F_q[x]/(f(x))$, 那么 $f(x) \mid (x^{q^n} - x)$. 因此 $f(x)$ 的 n 个根都在 F_{q^n} 中. 因为 $f(x) \neq x$ 且不可约, 所以

$$f(x) \mid (x^{q^n-1} - 1),$$

因此 $f(x)$ 的根均为 $x^{q^n-1} = 1$ 的根, 于是都属于 $F_{q^n}^*$. 不失一般性, 可以假定 $f(x)$ 是一个首一多项式, 所以它是它的任意一个根在 F_q 上的极小多项式, 且 $f(x)$ 的 n 个根在 $F_{q^n}^*$ 中的阶相同.

定义 5.4 $f(x)$ 是 q 元有限域 F_q 上的一个 n 次不可约多项式, 且 $f(x) \neq x$. $f(x)$ 的**周期**定义为 $f(x)$ 在 F_{q^n} 中的 n 个根在 $F_{q^n}^*$ 中的公共阶. $f(x)$ 的指数定义为用它的周期去除 $q^n - 1$ 的商. 如果 $f(x)$ 的周期是 $q^n - 1$, 则称 $f(x)$ 为 F_q 上的**本原多项式**. 也即, 若 $f(x)$ 的根都是 $F_{q^n}^*$ 的本原元, 则称 $f(x)$ 为本原多项式. 显然, $f(x)$ 的周期恰好是 x 在群 $F_q[x]/(f(x))^*$ 中的阶, 而 $f(x)$ 的指数等于

$$|F_q[x]/(f(x))^*| / |(X)|.$$

定义 5.5 设 $F_q \subseteq F_{q^n}$，$\alpha \in F_{q^n}$，称 α，α^q，$\cdots$，$\alpha^{q^{n-1}}$ 为 α 相对于 F_q 的共轭元. 如果 α 是 F_q 的本原元，则 α 的共轭元也是本原元. 设 ξ 是 F_{q^n} 的一个本原元，那么 ξ 在 F_q 上的极小多项式

$$f(x) = (x - \xi)(x - \xi^q)(x - \xi^{q^2}) \cdots (x - \xi^{q^{n-1}})$$

就是 F_q 上的 n 次本原多项式. 因此，对任意的正整数 n，存在有限域 F_q 上的 n 次本原多项式.

定义 5.6 设 $f: F_a \to F_q$ 是一个映射，f 是一个多项式函数，如果 f 是一一映射，则称 f 是一个置换多项式.

例如，$f(x) = x + a$ 是 F_q 到其自身的一个置换，从而是一个置换多项式.

性质 5.1 当且仅当 $(m, q-1) = 1$ 时，F_q 上的映射 $x \to x^m$ 是一个置换多项式.

证 设 g 是 F_q^* 的一个生成元，则当且仅当 $(m, q-1) = 1$ 时，g^m 生成 F_q^*，从而命题得证.

若 F_q 的特征为 p，则 Frobenius 自同构 $x \to x^p$ 是一个置换多项式.

下面给出例 4.3（3）的证明：有限域上的不可约多项式都是可分多项式.

证 设 p 为素数，$f(x) = a_0 + a_1 x + \cdots + a_n x^n \in F_{p^n}[x]$. 如果 $f(x)$ 不可约且不可分，由推论 4.2 知 $f'(x) = 0$，即

$$\sum_{i=1}^{n} i a_i x^{i-1} = 0.$$

对于 $1 \leqslant i \leqslant n$，如果 $p \nmid i$，由 $i a_i = 0$ 知 $a_i = 0$. 于是 $f(x) = \sum_{j=1}^{m} a_{pj} x^{pj}$，其中，$m$ 为 $\dfrac{n}{p}$ 的整数部分. 设 a_{pj} 在 Frobenius 自同构下的原像为 b_j，即 $b_j^p = a_{pj}$，则

$$f(x) = \sum_{j=1}^{m} b_j^p x^{pj} = \Big(\sum_{j=1}^{m} b_j x^j\Big)^p，与 f(x) 不可约矛盾.$$

2. 迹和范数

定义 5.7 设 $F = F_q$ 是 q 元有限域，$K = F_{q^n}$，σ 是 F_q 的 q-次 Frobenius 自同构，即对于任意的 $x \in F$，$\sigma(x) = x^q$. 对于任一 $\alpha \in K$，令

$$\mathrm{Tr}_{K/F}(\alpha) = \alpha + \alpha^q + \cdots + \alpha^{q^{n-1}} = \sum_{i=1}^{n-1} \sigma(\alpha),$$

$$\mathrm{N}_{K/F}(\alpha) = \prod_{i=1}^{n-1} \sigma(\alpha) = \alpha^{\frac{q^{n-1}}{q-1}},$$

则称 $\mathrm{Tr}_{K/F}(\alpha)$ 是 α 的迹（Trace），称 $\mathrm{N}_{K/F}(\alpha)$ 是 α 的范数（Norm）. 在不至于引起混淆的情况下，它们可分别记作 $\mathrm{Tr}(\alpha)$ 和 $\mathrm{N}(\alpha)$.

迹满足下面的基本性质.

定理 5.7 设 $F = F_q$，$K = F_{q^n}$，α，$\beta \in K$，$c \in F$. 那么

(1) $\mathrm{Tr}_{K/F}(\alpha) \in F$;

(2) $\mathrm{Tr}_{K/F}(\alpha+\beta) = \mathrm{Tr}_{K/F}(\alpha) + \mathrm{Tr}_{K/F}(\beta)$;

(3) $\mathrm{Tr}_{K/F}(c\alpha) = c\mathrm{Tr}_{K/F}(\alpha)$;

(4) $\mathrm{Tr}_{K/F}(c) = nc$;

(5) $\mathrm{Tr}_{K/F}(\alpha^q) = \mathrm{Tr}_{K/F}(\alpha)$.

(6) $\mathrm{Tr}_{K/F}$ 是 K 的加法群到 F 的加法群的满同态.

证 只证性质 (6), 其他性质由读者自行证明. 由性质 (2), $\mathrm{Tr}_{K/F}$ 是 K 的加法群到 F 的加法群的同态, 只需证 $\mathrm{Tr}_{K/F}$ 是一个满射. 首先存在 $\alpha \in K$, 使得 $\mathrm{Tr}_{K/F}(\alpha) \neq 0$. 这是因为 $\mathrm{Tr}_{K/F}(\alpha) = 0$ 等价于 α 是方程 $x^{q^{n-1}} + \cdots + x^q + x = 0$ 的根, 而该方程在 K 上最多有 q^{n-1} 个根, 而 $|K| = q^n$. 假设 $b = \mathrm{Tr}_{K/F}(\alpha) \neq 0$, 那么 $b \in F$. 对任意的 $a \in F$, $\mathrm{Tr}_{K/F}(ab^{-1}\alpha) = (ab^{-1})\mathrm{Tr}_{K/F}(\alpha) = (ab^{-1})b = a$, 因此 $\mathrm{Tr}_{F/K}$ 是 K 到 F 的一个满射.

定义 5.8 设 α 是 F_{q^n} 的任一元素, $f(x)$ 是 α 在 F_q 上的极小多项式, $\deg f(x) = m$, 那么 $m \mid n$. 称 $g(x) = f(x)^{\frac{n}{m}}$ 为 α 在 F_q 上的特征多项式. 显然 $\deg g(x) = n$.

定理 5.8 设 α 是 F_{q^n} 的任一元素, 而

$$g(x) = x^n + a_{n-1}x^{n-1} + \cdots + a_1 x + a_0$$

是 α 在 F_q 上的特征多项式. 那么

$$\mathrm{Tr}(\alpha) = -a_{n-1}.$$

证 设 α 在 F_q 上的极小多项式为 $f(x)$ 且 $\deg f(x) = m$. 那么 $\alpha, \alpha^q, \cdots, \alpha^{q^{m-1}}$ 是 $f(x)$ 的 m 个互不相等的根, 且 $\alpha^{p^m} = \alpha$. 因为 $g(x) = f(x)^{\frac{n}{m}}$, 于是 $\alpha, \alpha^q, \cdots, \alpha^{q^{n-1}}$ 是 $g(x)$ 的全部 n 个根. 这样

$$\begin{aligned}
g(x) &= (x-\alpha)(x-\alpha^q)\cdots(x-\alpha^{q^{n-1}}) \\
&= x^n + a_{n-1}x^{n-1} + \cdots + a_1 x + a_0 = b_i^q.
\end{aligned}$$

因此,

$$\mathrm{Tr}(\alpha) = -a_{n-1}.$$

定理 5.9 设 F 是 q 元有限域 F_q 的 n 次扩张. 那么

$$\mathrm{Ker}\,\mathrm{Tr}_{F/F_q} = \{\beta^q - \beta \mid \beta \in F\}.$$

证 显然有 $\beta^q - \beta \in \mathrm{Ker}\,\mathrm{Tr}_{F/F_q}$. 反之, 假设对于某个 $\alpha \in F$, $\mathrm{Tr}_{F/F_q}(\alpha) = 0$. 考察多项式 $f(x) = x^q - x - \alpha$, 并设 $g(x)$ 是 $f(x)$ 在 F 上的一个不可约因式. 设 β 是 $g(x)$ 的一个根, 那么 $F(\beta) = F[x]/(g(x))$. 于是 $\beta^q - \beta = \alpha$, 并且

$$\begin{aligned}
0 &= \mathrm{Tr}_{F/F_q}(\alpha) \\
&= \alpha + \alpha^q + \cdots + \alpha^{q^{n-1}} \\
&= (\beta^q - \beta) + (\beta^q - \beta)^q + \cdots + (\beta^q - \beta)^{q^{n-1}} \\
&= \beta^{p^n} - \beta.
\end{aligned}$$

对于范数, 有下面的基本性质:

定理 5.10 设 α 是 F_{q^n} 的任一元素, 而

$$g(x) = x^n + a_{n-1}x^{n-1} + \cdots + a_1 x + a_0$$

是 α 在 F_q 上的特征多项式. 那么

$$N(\alpha) = (-1)^n a_0.$$

定理 5.11 设 $F = F_q$, $K = F_{q^n}$, α, $\beta \in K$, $c \in F$. 那么

(1) $N_{K/F}(\alpha) \in F$;

(2) $N_{K/F}(\alpha + \beta) = N_{K/F}(\alpha) + N_{K/F}(\beta)$;

(3) $N_{K/F}(c\alpha) = c^n N_{K/F}(\alpha)$;

(4) $N_{K/F}(c) = c^n$;

(5) $N_{K/F}(\alpha^q) = N_{K/F}(\alpha)$;

(6) $N_{K/F}$ 是 K 到 F 的满射,也是 K^* 到 F^* 的满射;

(7) $\operatorname{Ker} N_{K/F} = \{\beta \in K^* \,\big|\, \beta^{(q^n-1)/(q-1)} = 1\}$.

该定理的证明留给读者自行完成.

相对于域的包含关系,迹和范数有下面的传递性.

定理 5.12 设 F 为有限域, K 为 F 的有限扩张, E 为 K 的有限扩张,那么,对任意的 $\alpha \in E$,

$$\operatorname{Tr}_{E/K}(\alpha) = \operatorname{Tr}_{K/F}(\operatorname{Tr}_{E/K}(\alpha))$$

且

$$N_{E/F}(\alpha) = N_{K/F}(N_{E/K}(\alpha)).$$

证 设 $F = F_q$, $|K:F| = m$ 和 $|E:K| = n$,那么 $|E:F| = mn$. 对任意的 $\alpha \in E$,我们有

$$\operatorname{Tr}_{K/F}(\operatorname{Tr}_{E/K}(\alpha)) = \sum_{i=0}^{m-1} \operatorname{Tr}_{K/F}(\alpha)^{q^i} = \sum_{i=0}^{m-1} \Big(\sum_{j=0}^{n-1} \alpha^{q^{jm}}\Big)^{q^i}$$

$$= \sum_{i=0}^{m-1} \sum_{j=0}^{n-1} \alpha^{q^{jm+i}} = \sum_{k=0}^{mn-1} \operatorname{Tr}_{E/F}(\alpha).$$

$$N_{K/F}(N_{E/K}(\alpha)) = N_{K/F}(\alpha^{(q^{mn}-1)/(q^m-1)}) = (\alpha^{(q^{mn}-1)/(q^m-1)})^{(q^m-1)/(q-1)}$$

$$= \alpha^{(q^{mn}-1)/(q-1)} = N_{E/F}(\alpha).$$

定义 5.9 设 F 是有限域, K 是 F 的有限扩张. 称 K 在 F 上的两组基 $\{\alpha_1, \cdots, \alpha_n\}$ 和 $\{\beta_1, \cdots, \beta_n\}$ 是对偶的,如果对 $1 \le i, j \le n$ 有:

$$\operatorname{Tr}_{K/F}(\alpha_i \beta_j) = \begin{cases} 0, & i = j, \\ 1, & i \neq j. \end{cases}$$

设 $\alpha \in F_8$ 是不可约多项式 $x^3 + x^2 + 1 \in F_2[x]$ 的一个根,则 $\{\alpha, \alpha^2, 1 + \alpha + \alpha^2\}$ 是 F_8 在 F_2 上的一组基,且由它唯一决定的一组对偶基是它本身,这样的对偶基叫做自对偶基.

3. 分圆多项式

定义 5.10 设 n 是一正整数, K 是域. $x^n - 1$ 在 K 上的分裂域称为 K 上的 n 次分圆域

（n – th cyclotomic field），记作 $K^{(n)}$. $x^n - 1$ 在 $K^{(n)}$ 中的根称为 K 上的 n 次单位根，所有的单位根组成的集合记作 $E^{(n)}$.

定理 5.13 设 n 是一正整数，K 是一个特征为 p（可能为 0）的域. 则

（1）如果 $p \nmid n$，则 $E^{(n)}$ 对于 $K^{(n)}$ 中的乘法运算构成一个 n 阶循环群.

（2）如果 $p \mid n$，令 $n = m \cdot p^e$，其中 e，m 为正整数，且 $p \nmid m$. 则 $K^{(n)} = K^{(m)}$，$E^{(n)} = E^{(m)}$，而且 $x^n - 1$ 在 $K^{(n)}$ 中的根正好是 $E^{(m)}$ 的 m 个元素，每个元素重复 p^e 次.

证 （1）当 $n = 1$ 时，定理是平凡的. 现设 $n \geqslant 2$，则 $x^n - 1$ 和它的微商 nx^{n-1} 没有公共根，因此 $x^n - 1$ 没有重根，因而 $|E^{(n)}| = n$. 假设 ξ，$\eta \in E^{(n)}$，则 $\xi^n = \eta^n = 1$，$(\xi\eta^{-1})^n = \xi^n (\eta^{-1})^n = (\eta^n)^{-1} = 1$，因此 $\xi\eta^{-1} \in E^{(n)}$，所以 $E^{(n)}$ 是一个 n 阶乘法群. 我们已知任一域的乘法群的有限子群都是循环群，因而 $E^{(n)}$ 是一个 n 阶循环群.

（2）因为 $p \mid n$，所以 $x^n - 1 = x^{mp^e} - 1 = (x^m - 1)^{p^e}$，因此 $x^n - 1$ 的根正好是 $x^m - 1$ 的根，且每一个根的重数为 p^e 次.

定义 5.11 K 是特征为 p（可能为 0）的域，n 是一个不能被 p 整除的正整数. 则 $E^{(n)}$ 中的生成元称为 K 上的 n 次本原单位根.

定义 5.12 设 K 是特征为 p 的域，n 是一个不能被 p 整除的正整数，ξ 是 K 上的一个 n 次本原单位根. 多项式

$$Q_n(x) = \prod_{1 \leqslant \nu \leqslant n, (\nu, n) = 1} (x - \xi^\nu)$$

称为 K 上的 n 次分圆多项式.

显然 $Q_n(x)$ 不依赖于本原单位根 ξ 的选取，且 $\deg(Q_n(x)) = \varphi(n)$，$\varphi$ 为欧拉函数.

定理 5.14 设 K 是特征为 p 的域，n 是一个不能被 p 整除的正整数. 则：

（1）$x^n - 1 = \prod_{d \mid n} Q_d(x)$；

（2）$Q_n(x)$ 的系数是 K 的素域中的元素. 如果 K 的特征为 0，则 $Q_n(x)$ 的系数都是整数.

证 （1）显然 $Q_d(x) \mid (x^n - 1)$. 由于 $Q_{d_1}(x)$ 的根都是 d_1 阶的，$Q_{d_2}(x)$ 的根都是 d_2 阶的，所以当 $d_1 \neq d_2$ 时，$(Q_{d_1}(x), Q_{d_2}(x)) = 1$. 因此

$$\prod_{d \mid n} Q_d(x) \mid (x^n - 1).$$

又假设 ξ 是一个 n 次本原单位根，则任一本原单位根都可以写成 ξ^s（$0 \leqslant s < n$）的形式. 取 $d = \dfrac{n}{(n, s)}$，则 d 是 ξ^s 在 $E^{(n)}$ 中的阶，从而 ξ^s 是 d 次本原单位根. 因此对每一个 n 次单位根，都存在唯一的一个 n 的因子 d，使得该 n 次单位根恰好就是 d 次本原单位根. 所以我们又有

$$(x^n - 1) \mid \prod_{d \mid n} Q_d(x).$$

综上我们有

$$x^n - 1 = \prod_{d \mid n} Q_d(x).$$

（2）显然 $Q_n(x)$ 是首一多项式，下面用数学归纳法证明定理. 当 $n = 1$ 时，$Q_1(x) = x - 1$，定理显然成立. 假设 $n > 1$ 且对所有的 $Q_d(x)$，$1 \leqslant d < n$，定理都成立，下证定理对 $Q_n(x)$ 也成立. 由（1）知，$Q_n(x) = (x^n - 1)/f(x)$，其中

$$f(x) = \prod_{d \mid n, d < n} Q_d(x).$$

由归纳假设知 $f(x)$ 的系数在 K 的素域中（若 K 的特征为 0，系数在整数环中），所以 $Q_n(x)$ 的系数也在 K 的素域中（若 K 的特征为 0，系数在整数环中），定理得证.

例 5.3 验证 $Q_{12}(x) = x^4 - x^2 + 1$.

解 可以得到

$$\begin{aligned}
\varphi_{12}(x) &= \prod_{d \mid 12} (x^d - 1)^{\mu\left(\frac{n}{d}\right)} \\
&= (x - 1)^0 (x^2 - 1)^1 (x^3 - 1)^0 (x^4 - 1)^{-1} (x^6 - 1)^{-1} (x^{12} - 1)^1 \\
&= \frac{(x^2 - 1)(x^{12} - 1)}{(x^4 - 1)(x^6 - 1)} = x^4 - x^2 + 1.
\end{aligned}$$

例 5.4 设 q 是素数，r 是一个正整数，则

$$Q_q(x) = (x^q - 1)(x - 1)^{-1} = x^{q-1} + x^{q-2} + \cdots + 1,$$

$$Q_{q^r}(x) = (x^{q^r} - 1)(x^{q^{r-1}} - 1)^{-1} = x^{(q-1)q^{r-1}} + x^{(q-2)q^{r-1}} + \cdots + x^{q^{r-1}} + 1.$$

定理 5.15 有限域 F_q 是其任一子域上的 $q - 1$ 次分圆域.

证 显然多项式 $x^{q-1} - 1$ 在 F_q 上分裂. 且 $x^{q-1} - 1$ 的根正好是 F_q 中的所有非零元，所以 $x^{q-1} - 1$ 不能在更小的域上分裂.

由于 F_q^* 是 $q - 1$ 阶循环群，因此对任意的 $n \mid (q - 1)$，存在 F_q^* 的 n 阶循环子群 $\{1, \alpha, \cdots, \alpha^{n-1}\}$. 该子群的所有元素都是 n 次单位根，而且生成元 α 是 F_q 的任何子域上的 n 次本原单位根.

定理 5.16 如果 $d \mid n$ 且 $1 \leqslant d < n$，则 $Q_n(x)$ 只要有定义就一定整除 $(x^n - 1)/(x^d - 1)$.

证 因为 $Q_n(x)$ 整除 $(x^n - 1) = (x^d - 1)\dfrac{x^n - 1}{x^d - 1}$，且 d 是 n 的真因子，$Q_n(x)$ 的根的阶都为 n，所以 $(Q_n(x), x^d - 1) = 1$，因此 $Q_n(x)$ 整除 $(x^n - 1)/(x^d - 1)$.

下面是关于分圆域的基本定理，其证明可参见文献 [3].

定理 5.17 设 K 为一个素域. 分圆域 $K^{(n)}$ 是 K 的单代数扩张，可由任意一个 n 次本原单位根 ζ 生成 $K^{(n)} = K(\zeta)$. 而且

（1）若 $K = Q$，则 $[K^{(n)} : K] = \varphi(n)$ 且 ζ 的极小多项式是 $Q_n(x)$；

（2）若 $K = F_p$，p 为素数且 $(p, n) = 1$，则 $[K^{(n)} : K] = r$，其中 r 是满足 $q^r \equiv 1 \bmod n$ 的最小正整数. 而且 ζ 的极小多项式为 $f(x) = (x - \zeta)(x - \zeta^p) \cdots (x - \zeta^{p^{r-1}})$.

第5章 习题

1. 有限域的所有元素的和等于 0，但 F_2 除外.

2. p 是一个奇素数，n 是一个正整数. 证明：元素 $a \in F_{p^n}^*$ 是 $F_{p^n}^*$ 中的平方元当且仅当 $a^{(p^n-1)/2} = 1$.

3. 求证：对于任意的 $f(x) \in F_q[x]$，$(f(x))^q = f(x^q)$.

4. 设 F_q 是 q 元有限域，而 $f(x)$ 是 F_q 上的一个 n 次不可约多项式，那么一定有
$$f(x) \mid (x^{q^n} - x).$$

5. 设 F_q 是 q 元有限域，而 $f(x)$ 是 F_q 上的一个 m 次不可约多项式，如果 $m > n$，那么一定有 $f(x) \nmid (x^{q^n} - x)$.

6. 设 m，n 是正整数，$d = \gcd(m, n)$，求证：
$$\gcd(x^m - 1, x^n - 1) = (x^d - 1), \quad \gcd(x^m - x, x^n - x) = (x^d - x).$$

7. 设 F_q 是 q 元有限域，而 $f(x)$ 是 F_q 上的一个 d 次不可约多项式. 那么 $f(x) \mid (x^{q^n} - x)$ 当且仅当 $d \mid n$.

8. 计算 $F_{2^{24}}$ 和 $F_{3^{30}}$ 的所有子域.

9. 设 a，$b \in F_{2^n}$，n 为奇数. 证明：$a^2 + ab + b^2 = 0$ 意味着 $a = b = 0$.

10. 构造一个有 9 个元素的域并给出加法和乘法表，写出所有的 8 阶元.

11. 构造一个有 8 个元素的域并给出加法和乘法表，写出所有的 7 阶元.

12. 证明：有限域的每个元素可表示成两个元素的平方和.

13. 计算有限域的所有自同构.

14. 设 $b \in F_4$ 满足 $b^2 + b + 1 = 0$，求证：$x^4 + x + b$ 在 F_4 上不是不可约的.

15. 设 n 是一个正整数，且 $2^n - 1$ 是素数. 求证：F_2 上的 n 次不可约多项式一定是 n 次本原多项式.

16. 计算 F_2 上多项式 $x^9 + x^8 + x^7 + x^3 + x + 1$ 的周期.

17. 计算 F_3 上多项式 $x^4 + x^3 + x^2 + 2x + 2$ 的周期.

18. 计算 F_{32} 中所有元素在 F_4 上的极小多项式.

19. 计算 F_{16} 中所有元素在 F_2 上的极小多项式.

20. 确定 F_2 上的所有 6 次本原多项式.

21. 求证：$x^4 + x + 1$ 为 $F_2[x]$ 中本原多项式；$x^4 + x^3 + x^2 + x + 1$ 为 $F_2[x]$ 中的不可约多项式，但不是本原多项式.

22. 计算 $F_2[x]$ 和 $F_3[x]$ 中所有次数不超过 3 的不可约多项式和本原多项式.

23. 设 $\theta \in F_{64}$ 是不可约多项式 $x^6 + x + 1 \in F_2[x]$ 的一个根. 试求 $\beta = \theta^3 + \theta^2 + 1$ 在 F_2 上的极小多项式.

24. 设 r 是一个素数，$\alpha \in F_q$. 求证：$x^r - \alpha \in F_q[x]$ 是 F_q 上的不可约多项式，或在 F_q 中有一个根.

25. 设 α 是一个 n 次单位根，计算 $1 + \alpha + \alpha^2 + \cdots + \alpha^{n-1}$ 的值.

26. 设 K 是域. 如果 K^* 是循环群，那么 K 一定是有限域.

27. 计算 F_3 上的 10 次分圆多项式 $Q_{10}(x)$.

28. 对任意的正整数 n，计算 $Q_n(1)$ 和 $Q_n(-1)$.

29. 设 $f(x)$ 是 F_q 上的一个 n 次多项式，$f(0) \neq 0$，$f(x)$ 的互反多项式定义为 $f^*(x) = x^n f\left(\dfrac{1}{x}\right)$，

求证：（1）若 α 是 $f(x)$ 的根，则 α^{-1} 是 $f^*(x)$ 的根；

（2）$f(x)$ 在 F_q 上不可约当且仅当 $f^*(x)$ 在 F_q 上不可约；

（3）$f(x)$ 是本原多项式当且仅当 $f^*(x)$ 是本原多项式.

30. 对任意的正整数 n 和有限域 F_q，所有 F_q 次数整除 n 的首一不可约多项式的乘积等于 $x^{q^n} - x$.

31. 设 $\alpha \in F_{p^n}$，p 是素数. 又设 $f(x) = x^m + a_{m-1}x^{m-1} + \cdots + a_1x + a_0$ 是 α 在 F_p 上的极小多项式. 求证：$\mathrm{Tr}(\alpha) = -(n/m)a_{m-1}$，$N(\alpha) = (-1)^n a_0^{n/m}$.

32. 设 p 为素数，$f(x) \in F_p[x]$ 是一个 $n(n > 1)$ 次不可约多项式，$P_n(x)$ 表示 $F_p[x]$ 中首相系数为 1 的 n 次不可约多项式全体的乘积. 证明：

$$P_n(x) = \prod_{d \mid n} (x^{p^d} - x)^{\mu\left(\frac{n}{d}\right)},$$

其中 $\mu(n)$ 为 Möbius 函数.

33. 证明：F_p 上互不相伴的 n 次不可约多项式的个数等于

$$N_n = \frac{1}{n} \sum_{d \mid N} \mu\left(\frac{n}{d}\right) p^d.$$

34. 假设 F_q 是有限域，F_p 是它的素域，素数 $p \neq 2$. 定义符号

$$\left(\frac{\alpha}{q}\right) = \begin{cases} 0, & \text{如果 } \alpha = 0, \\ 1, & \text{如果 } \alpha \neq 0 \text{ 且 } \alpha \text{ 是 } F_q \text{ 中的一个平方元,} \\ -1, & \text{其他.} \end{cases}$$

对任意的 $\alpha, \beta \in F_q$，求证

(1) $\left(\dfrac{\alpha\beta}{q}\right) = \left(\dfrac{\alpha}{q}\right)\left(\dfrac{\beta}{q}\right)$;

(2) $\sum\limits_{\alpha \in F_q} \left(\dfrac{\alpha}{q}\right) = 0$;

(3) $\left(\dfrac{\alpha}{q}\right) = \left(\dfrac{N(\alpha)}{p}\right)$，其中，$\left(\dfrac{\alpha}{p}\right)$ 是 Legendre 符号.

35. 采用上题的记号，假设 $f(x) = ax^2 + bx + c \in F_q[x]$，$d = b^2 - 4ac$. 求证：

$$\sum_{x \in F_q} \left(\frac{ax^2 + bx + c}{q}\right) = \begin{cases} \left(\dfrac{\alpha}{q}\right)(q-1), & d = 0, \\ -\left(\dfrac{\alpha}{q}\right), & d \neq 0. \end{cases}$$

36. F_q 是特征不等于 2 的有限域，$\alpha, a, b \in F_q$ 且 $d = ab \neq 0$. 设二元方程 $ax^2 + by^2 = \alpha$ 在有限域 F_q 上的解的个数为 N_q，求证：

$$N_q = \begin{cases} q + \left(\dfrac{-d}{q}\right)(q-1), & \alpha = 0, \\ q - \left(\dfrac{-d}{q}\right), & \alpha \neq 0. \end{cases}$$

37. 设 n 是大于 1 的自然数，令 $C_n = \{(x, y) \in Z_n \times Z_n \mid x^2 + y^2 = 1 \pmod n\}$，在 C_n 上定义运算 $(a, b) \oplus (c, d) = (ac - bd, ad + bc)$，其中，所有的运算在 Z_n 上进行，

(1) 求证：$(C_n, \oplus)$ 构成一个 Abel 群；

(2) 设 p 是一个奇素数，求证：

$$|C_n| = \begin{cases} p - 1, & p \equiv 1 \pmod 4, \\ p + 1, & p \equiv 3 \pmod 4. \end{cases}$$

(3) 设 p 是一个素数，k 是一个正整数，如果 $(a, b) \in C_{p^k}$ 且 $p \mid b$，求证：$p \nmid a$;

(4) 设 p 是一个奇素数，k 是一个正整数，求证：$|C_{p^{k+1}}| = p|C_{p^k}|$;

(5) 设 k 是大于 2 的整数，求证：$|C_{2^k}| = 2^{k+1}$.

第6章

多元多项式代数简介

Gröbner 基是由多元多项式理想的特殊生成元构成的集合，它具有非常良好的性质，可以用来研究各种消元问题，如多项式方程组求解、参数曲线与曲面的隐式化等.

用 $K[X] = K[x_1, \cdots, x_n]$ 表示域 K 上关于 x_1, $\cdots$, x_n 的 n 元多项式环. 多元多项式环 $K[X]$ 是域 K 上的无限维向量空间，该向量空间的一组基为单项式 $X^\alpha = x_1^{\alpha_1} x_2^{\alpha_2} \cdots x_n^{\alpha_n}$，其中，$\alpha_i \geqslant 0$, $1 \leqslant i \leqslant n$. 每个单项式对应一个非负整数向量 $\alpha = (\alpha_1, \cdots, \alpha_n) \in N^n$. 每个多项式 $f \in K[X]$ 可以唯一地写成域 K 上有限个单项式的线性组合 $f = \sum_\alpha a_\alpha X^\alpha$. 多项式 f 的次数为

$$\deg(f) = \max\{ |\alpha| = \alpha_1 + \alpha_2 + \cdots + \alpha_n \mid a_\alpha \neq 0 \}.$$

Hilbert 基定理说：多项式环 $K[X]$ 中的每个理想 I 都是有限生成的.

设 N^n 是全体 n 维非负整数向量组成的集合，则 N^n 和多元多项式环 $K[X]$ 的单项式基之间存在一一对应关系. 设 $\alpha = (\alpha_1, \cdots, \alpha_n)$，$\beta = (\beta_1, \cdots, \beta_n) \in N^n$，在 N^n 中定义全序 $<$，$\alpha < \beta$ 当且仅当 $\alpha - \beta$ 左边第一个非零分量为负. N^n 中定义的全序对应于单项式之间的整除关系，$\alpha < \beta$ 当且仅当 $X^\alpha \mid X^\beta$.

定义 6.1 对 N^n 中任意全序 $<$，若 $\alpha < \beta$ 或 $\alpha = \beta$，记为 $\alpha \leqslant \beta$. 若对 $\forall \alpha$, β, $\gamma \in N^n$ 有 $(0, 0, \cdots, 0) \leqslant \alpha$，且 $\alpha \leqslant \beta \Rightarrow \alpha + \gamma \leqslant \beta + \gamma$，则称全序 $<$ 为单项式序.

单项式序有很多种，通常采用序 $x_1 > x_2 > \cdots > x_n$. 下面是三个常见的单项式序：

（1）字典序. 如果 $\alpha - \beta$ 左边第一个非零分量为负，记为 $\alpha <_{\mathrm{lex}} \beta$.

（2）分次字典序. 如果 $|\alpha| < |\beta|$，或 $|\alpha| = |\beta|$ 且 $\alpha - \beta$ 左边第一个非零分量为负，记为 $\alpha <_{\mathrm{delex}} \beta$.

（3）分次逆字典序. 如果 $|\alpha| < |\beta|$，或 $|\alpha| = |\beta|$ 且 $\alpha - \beta$ 右边第一个非零分量为正，记为 $\alpha <_{\mathrm{relex}} \beta$.

定义 6.2 设 $f = \sum_\alpha a_\alpha X^\alpha \in K[X]$ 为非零多项式，全序 $<$ 为单项式序.

（1）多项式 f 的多重次数定义为 $\mathrm{multideg}(f) = \max\limits_{<}\{\alpha \in N^n \mid a_\alpha \neq 0\}$，这里是关于单项式序取最大；

（2）多项式 f 的首项系数定义为 $\mathrm{LC}(f) = a_{\mathrm{multideg}}$；

（3）多项式 f 的首单项式定义为 $\mathrm{LM}(f) = x^{\mathrm{multideg}(f)}$；

（4）多项式 f 的首项定义为 $\mathrm{LT}(f) = \mathrm{LC}(f) \cdot \mathrm{LM}(f)$.

例 6.1　设 $f = 4xy^2z + 4z^2 - 5x^3 + 7x^2z^2$，

若选定单项式序为字典序，则

$$\mathrm{multideg}(f) = (3,0,0), \quad \mathrm{LC}(f) = -5, \mathrm{LM}(f) = x^3, \mathrm{LT}(f) = -5x^3.$$

若选定单项式序为分次字典序，则

$$\mathrm{multideg}(f) = (2,0,2), \quad \mathrm{LC}(f) = 7, \mathrm{LM}(f) = x^2z^2, \mathrm{LT}(f) = 7x^2z^2.$$

若选定单项式序为分次逆字典序，则

$$\mathrm{multideg}(f) = (1,2,1), \quad \mathrm{LC}(f) = 4, \mathrm{LM}(f) = xy^2z, \mathrm{LT}(f) = 4xy^2z.$$

设 $f_1, \cdots, f_s \in K[X]$，则多项式 f 可表示为 $f = a_1 f_1 + \cdots + a_s f_s + r$，其中 a_1, a_2, $\cdots$, a_s 为多项式，类似商；r 也为多项式，类似余式. 把多项式 f 表示为上述形式的过程，称为**除算法**. 除算法的基本想法和欧几里得算法类似：用多项式 f_i 乘上某些单项式去和多项式 f 相减，约掉 f 的首项.

例 6.2　我们用多项式 $f_1 = xy + 1, f_2 = y + 1$ 来约化多项式 $f = xy^2 + 1$. 选字典序，有

$$xy^2 + 1 = y \cdot (xy + 1) + (-y + 1),$$
$$-y + 1 = (-1) \cdot (y + 1) + 2,$$
$$xy^2 + 1 = y \cdot (xy + 1) + (-1) \cdot (y + 1) + 2.$$

例 6.3　用多项式 $f_1 = y^2 - 1, f_2 = xy - 1$ 约化 $f = x^2y + xy^2 + y^2$. 选字典序，按照不同约化顺序，有

$$x^2y + xy^2 + y^2 = (x + y) \cdot (xy - 1) + 1 \cdot (y^2 - 1) + x + y + 1,$$
$$x^2y + xy^2 + y^2 = (x + 1) \cdot (y^2 - 1) + x \cdot (xy - 1) + 2x + 1,$$

这个例子表明余式 r 没有唯一性.

例 6.4　用多项式 $f_1 = y^2 - 1, f_2 = xy + 1$ 约化 $f = xy^2 - x$. 选字典序，按照不同约化顺序，有

$$xy^2 - x = y \cdot (xy + 1) + (-x - y),$$
$$xy^2 - x = x \cdot (y^2 - 1),$$

由第二个式子可知 $f \in (f_1, f_2)$. 第一个式子表明即使 $f \in (f_1, f_2)$，余式可能非零.

对于一般情形，除算法有下面结论：

定理 6.1　设 $\{f_1, f_2, \cdots, f_s\}$ 是多项式环 $K[X]$ 的子集，选定一个单项式序. 则任意的 $f \in K[X]$ 都能表示为

$$f = a_1 f_1 + \cdots + a_s f_s + r, \text{简记为} f \underset{F}{\Longrightarrow} r$$

其中，a_1，a_2，$\cdots$，a_s，r 均为多项式，余式 $r=0$ 或 r 为系数在域 K 上不被多项式首项 $\mathrm{LT}(f_1)$，$\cdots$，$\mathrm{LT}(f_s)$ 整除的线性组合．若 $a_l f_l \neq 0$，则 $\mathrm{multideg}(f) \geqslant \mathrm{multideg}(a_l f_l)$．

任给 n 维线性空间中的向量 v_1，$\cdots$，v_s，v，如何判断 v 是否属于 v_1，$\cdots$，v_s 所张成的线性子空间 V？这是线性空间中的成员判定问题，也是最基本的数学问题．解决该问题的一个有效方法是将 v_1，$\cdots$，v_s 和 v 作为列向量构造一个矩阵，然后用高斯消元法将矩阵化为阶梯形，则有 $v \in V$ 当且仅当不存在仅有最后一个元素非零的行．

下面我们在多项式环上考虑上述问题：任给多项式环 $K[X]$ 中的多元多项式 f_1，$\cdots$，f_s 和 f，如何判断 f 是否属于理想 $I=(f_1,\cdots,f_s)$？与线性空间中的成员判定问题简单易解截然不同，对于多项式理想的成员判定问题，其完美解决需要用到 Gröbner 基理论．Gröbner 基的概念由 B. Buchberger 于 1965 年引入，并且他提出了计算多元多项式理想的 Gröbner 基算法——Buchberger 算法．每个理想有许多不同的生成元或基．

例 6.5 理想 $I=(x^6-1,x^{10}-1,x^{15}-1)=(x-1)$．$x-1$ 是理想 I 更好的生成元．域上的一元多项式环都是主理想整环．欧几里得算法可以求出生成元．

$$x^5(x^6-1)-(x^5+x)(x^{10}-1)+(x^{15}-1)=x-1$$

大家熟悉的线性代数里的高斯消元法．对于线性多项式生成的理想，通过高斯消元法可以获得更好更简单的生成元．

例 6.6 理想
$$I=(2x+3y+5z+7,\ 11x+13y+17z+19,\ 23x+29y+31z+37)$$
$$=(7x-16,\ 7y+12,\ 7z+9)$$

这个过程和求解线性方程组是一样的．

Gröbner 基给我们提供了关于理想相关问题计算的实际方法．简单来说，Gröbner 基可以看做两个及其以上变元的多项式环里的欧几里得算法的推广，也可以看做处理次数大于等于 2 的多项式方程组的高斯消元法的推广．Gröbner 基对于多项式环中的理想是基本的，正如高斯消元法对于线性代数中的矩阵是基本的一样．

定义 6.3 设 I 是多项式环 $K[X]$ 中的非零理想，理想 I 中所有多项式首项组成的集合为 $\mathrm{LT}(I)=\{cx^\alpha \mid \exists f \in I，使得 \mathrm{LT}(f)=cx^\alpha\}$．我们记 $\mathrm{LT}(I)$ 中所有元素生成的理想为 $(\mathrm{LT}(I))$．

定义 6.4 设 $G=\{g_1,g_2,\cdots,g_s\}$ 是理想 I 的子集，选定一个单项式序．若 $(\mathrm{LT}(I))=(\mathrm{LT}(g_1),\cdots,\mathrm{LT}(g_s))$，称 $G=\{g_1,g_2,\cdots,g_s\}$ 是理想 I 的 Gröbner 基．理想 I 的 Gröbner 基总是存在的，并且是理想 I 的生成元．

定理 6.2 理想 I 的 Gröbner 基总是存在的．若 $G=\{g_1,g_2,\cdots,g_s\}$ 是理想 I 的 Gröbner 基，则 $I=(G)$．

推论 6.1 设 I 为多项式环 $K[X]$ 中的理想，选定一个单项式序，$G=\{g_1,g_2,\cdots,g_s\}$ 是理想 I 的 Gröbner 基，多项式 $f \in I$ 当且仅当 f 被 G 约化为零．

定义 6.5 设 $f,g \in K[X]$ 为非零多项式，全序 $<$ 为单项式序．设 $\mathrm{multi\,deg}(f)=\alpha$， multi $\deg(g) = \beta$, $\gamma = (\gamma_1, \cdots, \gamma_n)$, 其中, $\gamma_i = \max(\alpha_i, \beta_i)$. 多项式 f, g 的 S 多项式定义为

$$S(f,g) = \frac{X^\gamma}{\mathrm{LT}(f)} \cdot f - \frac{X^\gamma}{\mathrm{LT}(g)} \cdot g.$$

例 6.7 设多项式 $f = x^3 y^2 - x^2 y^3 + x$, $g = 3x^4 y + y^2$, 取分次字典序. 则

$$\gamma = (4, 2)$$

$$\begin{aligned}
S(f, g) &= \frac{X^\gamma}{\mathrm{LT}(f)} \cdot f - \frac{X^\gamma}{\mathrm{LT}(g)} \cdot g \\
&= \frac{x^4 y^2}{x^3 y^2} \cdot f - \frac{x^4 y^2}{3 x^4 y} \cdot g \\
&= -x^3 y^3 + x^2 - \frac{1}{3} y^3
\end{aligned}$$

定理 6.3 设 I 为多项式环 $K[X]$ 中的理想, 选定一个单项式序, $G = \{g_1, g_2, \cdots, g_s\}$ 是理想 I 的 Gröbner 基当且仅当对任意的 $i \neq j$, $S(g_i, g_j)$ 被 $G = \{g_1, g_2, \cdots, g_s\}$ 约化为零.

定理 6.3 是 Gröbner 基理论中的一个关键结果, 有时也称为 Buchberger 判定准则. 下面我们将会看到, 根据定理 6.3 容易推出一个计算 Gröbner 基的算法.

例 6.8 设多项式 $f = y - x^2$, $g = z - x^3$, 选定字典序 $y > z > x$, $F = \{f, g\}$ 是理想 $I = (f, g)$ 的 Gröbner 基. 计算多项式 f, g 的 S 多项式

$$\begin{aligned}
S(f,g) &= \frac{X^\gamma}{\mathrm{LT}(f)} \cdot f - \frac{X^\gamma}{\mathrm{LT}(g)} \cdot g \\
&= \frac{yz}{y} \cdot (y - x^2) - \frac{yz}{z} \cdot (z - x^3) \\
&= -zx^2 + yx^3
\end{aligned}$$

由除算法可知:

$$-zx^2 + yx^3 = x^3 \cdot (y - x^2) + (-x^2)(z - x^3) + 0$$

由定理 6.3 可知, $F = \{f, g\}$ 是理想 $I = (f, g)$ 的 Gröbner 基.

问题: 给定多项式环 $K[X]$ 中的理想 I, 如何构造理想 I 的 Gröbner 基?

例 6.9 选定单项式序为分次字典序, 理想 $I = (f_1, f_2) = (x^3 - 2xy, x^2 y - 2y^2 + x)$. 因为 $\mathrm{LT}(S(f_1, f_2)) = -x^2 \notin (\mathrm{LT}(f_1), \mathrm{LT}(f_2))$, 所以 $\{f_1, f_2\}$ 不是理想 I 的 Gröbner 基. 为了计算理想 I 的 Gröbner 基, 一个自然的想法是在理想 I 的生成元里增加新的多项式. 我们把 $S(f_1, f_2)$ 关于 $\{f_1, f_2\}$ 的余式 $f_3 = S(f_1, f_2) = -x^2$ 加入生成元, 如果令 $F = \{f_1, f_2, f_3\}$, 根据定理 6.3, 检测 F 是否是理想 I 的生成元. 计算

$$S(f_1, f_2) = f_3 \underset{F}{\Rightarrow} 0,$$

$$S(f_1, f_3) = (x^3 - 2xy) - (-x) \cdot (-x^2) = -2xy \underset{F}{\Rightarrow} -2xy,$$

$$S(f_2, f_3) = (x^2 y - 2y^2 + x) - (-y) \cdot (-x^2) = -2y^2 + x \underset{F}{\Rightarrow} -2y^2 + x.$$

令多项式 $f_4 = -2xy$, $f_5 = -2y^2 + x$, 加入到理想 I 的生成元 F 中, 这时 $F = \{f_1, f_2, f_3, f_4, f_5\}$. 我们计算

$$S(f_1, f_2) = f_3 \underset{F}{\Rightarrow} 0, \quad S(f_1, f_3) = f_4 \underset{F}{\Rightarrow} 0,$$

$$S(f_1, f_4) = y \cdot (x^3 - 2xy) - \left(-\frac{1}{2}\right) x^2 \cdot (-2xy) = -2xy^2 \underset{F}{\Rightarrow} 0,$$

$$S(f_1, f_5) = (-2y^2) \cdot (x^3 - 2xy) - x^3 \cdot (-2y^2 + x) = 4xy^3 - x^4 \underset{F}{\Rightarrow} 0,$$

$$\forall i, j \in \{1, 2, 3, 4, 5\}, \quad S(f_i, f_j) \underset{F}{\Rightarrow} 0.$$

根据定理 6.3, $F = \{f_1, f_2, f_3, f_4, f_5\}$ 是理想 I 的 Gröbner 基.

算法 6.1 (Buchberger 算法) 计算理想 $I = (f_1, \cdots, f_s)$ 的 Gröbner 基

输入: $F = \{f_1, \cdots, f_s\}$

输出: 理想 I 的 Gröbner 基 $G = \{g_1, \cdots, g_t\}$, $F \subseteq G$.

$G := F$;

重复

$$G' := G;$$

$$\forall p, q \in G', \quad S(p, q) \underset{G'}{\Rightarrow} r;$$

$$若 r \neq 0, 则 G := G \cup \{r\};$$

直到 $G' = G$ 为止.

利用 Buchberger 算法计算理想 I 的 Gröbner 基, 已经在 Mathematica、Maple 等主流的计算机代数系统中实现.

设 I 为多项式环 $K[X]$ 中的理想, 选定一个单项式序, $G = \{g_1, g_2, \cdots, g_s\}$ 是理想 I 的 Gröbner 基, 由推论 6.1 可知, 多项式 $f \in I$ 当且仅当 f 被 G 约化为零.

例 6.10 选定单项式序为分次字典序, 多项式 $f = -4x^2y^2z^2 + y^6 + 3z^5$, 理想 $I = (f_1, f_2) = (xz - y^2, x^3 - z^2)$. 我们需要判定 f 是否属于理想 I.

使用计算机代数系统 Maple, 我们可以计算理想 I 的 Gröbner 基为

$$G = \{f_1, f_2, f_3, f_4, f_5\} = \{xz - y^2, x^3 - z^2, x^2y^2 - z^3, xy^4 - z^4, y^6 - z^5\}$$

由 $f = -4z^3 f_3 + f_5$ 可知, $f \in I$.

例 6.11 求解下面的多元多项式方程组.

$$\begin{cases} x^2 + y + z - 1 = 0, \\ x + y^2 + z - 1 = 0, \\ x + y + z^2 - 1 = 0. \end{cases}$$

设理想 $I = (x^2 + y + z - 1, x + y^2 + z - 1, x + y + z^2 - 1)$, 选定单项式序为字典序, 使用 Maple 可以计算出理想 I 的 Gröbner 基:

$$G = \{g_1, g_2, g_3, g_4\}$$
$$g_1 = x + y + z^2 - 1,$$
$$g_2 = y^2 - y - z^2 + z,$$
$$g_3 = 2yz^2 + z^4 - z^2,$$
$$g_4 = z^6 - 4z^4 + 4z^3 - z^2.$$

因为 $g_4 = z^6 - 4z^4 + 4z^3 - z^2 = z^2(z-1)(z^2 + 2z - 1)$ 只有一个变元 z，所以我们可以解出 $z = 0$，1，$-1 - \sqrt{2}$，$-1 + \sqrt{2}$．将单变元 z 的方程 $g_4 = 0$ 的解代入到 $g_2 = 0$，$g_3 = 0$ 中，这时 $g_2 = 0$，$g_3 = 0$ 变为关于 y 的单变元方程组，通过计算最大公因式可以求出相应的 y 值．最后通过 $g_1 = x + y + z^2 - 1$ 求出相应的 x 值．通过上述方法我们可以求出该方程组有 5 组解，分别为

$$(1, 0, 0), (0, 1, 0), (0, 0, 1),$$
$$(-1 + \sqrt{2}, -1 + \sqrt{2}, -1 + \sqrt{2}),$$
$$(-1 - \sqrt{2}, -1 - \sqrt{2}, -1 - \sqrt{2}).$$

我们能成功求出上述方程组的解的原因是什么？成功的原因主要有两个：

1.（消元） 我们成功消去了变元 x，y，得到了关于 z 的单变元方程 $g_4 = 0$．

2.（扩张） 一旦我们从方程 $g_4 = 0$ 求解出 z，将相应 z 值代入到 $g_2 = 0$，$g_3 = 0$ 中，这时 $g_2 = 0$，$g_3 = 0$ 变为关于 y 的单变元方程组，通过计算 GCD 可以求出相应的 y 值．

定义 6.6 设理想 $I = (f_1, \cdots, f_s) \subseteq K[X]$，第 l 个消元理想 I_l 定义为
$$I_l = I \cap K[x_{l+1}, x_{l+2}, \cdots, x_n].$$

定理 6.4（消元定理） 设理想 $I = (f_1, \cdots, f_s) \subseteq K[X]$，选定单项式序为字典序，$G$ 为理想 I 的 Gröbner 基，则
$$G_l = G \cap K[x_{l+1}, x_{l+2}, \cdots, x_n]$$
是第 l 个消元理想 I_l 的 Gröbner 基．

例 6.12 设理想 $I = (x^2 + y + z - 1, x + y^2 + z - 1, x + y + z^2 - 1)$，选定单项式序为字典序．理想 I 的 Gröbner 基：

$$G = \{g_1, g_2, g_3, g_4\},$$
$$g_1 = x + y + z^2 - 1,$$
$$g_2 = y^2 - y - z^2 + z,$$
$$g_3 = 2yz^2 + z^4 - z^2,$$
$$g_4 = z^6 - 4z^4 + 4z^3 - z^2.$$

根据定理 6.4，有

$$I_1 = I \cap K[y, z] = (g_2, g_3, g_4),$$
$$I_2 = I \cap K[z] = (g_4).$$

设 K 为域，f_1，$\cdots$，$f_s \in K[X]$，多项式 f_1，$\cdots$，f_s 构成的代数簇定义为 $V(f_1, \cdots, f_s) = \{a = (a_1, \cdots, a_n) \in k^n \mid f_1(a) = 0, \cdots, f_s(a) = 0\}$. 设理想 $I = (f_1, \cdots, f_s)$，I 对应的代数簇定义为 $V(I) = V(f_1, \cdots, f_s)$. 对于任意 $W \subseteq K^n$，定义 W 对应的理想为

$$I(W) = \{f \in K[X] \mid \forall a \in w, f(a) = 0\}.$$

当 K 为代数闭域时，如果 $I = (f_1, \cdots, f_s) \subseteq K[X]$ 满足 $V(I) = \varnothing$，则 $I = K[X]$，对任意的理想 I，有 $I(V(I)) = \sqrt{I}$.

例 6.13 设理想 $I = (xy - 1, xz - 1)$，选定单项式序为字典序. 根据定理 6.4，我们有 $I_1 = I \cap K[y, z] = (y - z)$. 对任意的 $(a, a) \in V(I_1)$，$a \neq 0$，都有 $(\frac{1}{a}, a, a) \in V(I)$. 对于 $(0, 0) \in V(I_1)$，在 $V(I)$ 中没有对应的解. 例 6.13 表明不是所有的部分解都能扩张为完全解.

定理 6.5（扩张定理） 设 K 为代数闭域，$I = (f_1, \cdots, f_s) \subseteq K[X]$，第 1 个消元理想为 I_1，对每个 $1 \leqslant i \leqslant s$，$f_i = g_i(x_2, \cdots, x_n)x_1^{N_i} + h_i$，其中 h_i 是关于 x_i 的次数小于 N_i 的多项式，$N_i \geqslant 0$，$g_i \in K[x_2, \cdots, x_n]$ 为非零多项式. 假设 $(a_2, \cdots, a_n) \in V(I_1)$，若 $(a_2, \cdots, a_n) \notin V(g_1, \cdots, g_s)$，则存在 $a_1 \in K$，使得 $(a_1, \cdots, a_n) \in V(I)$.

第6章 习题

1. 验证例 6.9 中对任意的 i，$j \in \{1, 2, 3, 4, 5\}$，$S(f_i, f_j) \underset{F}{\Rightarrow} 0$.

2. 求证：理想 I 对应的代数簇 $V(I)$ 的定义与生成元无关.

3. 假设 a，b，c 满足方程

$$\begin{cases} a + b + c = 3, \\ a^2 + b^2 + c^2 = 5, \\ a^3 + b^3 + c^3 = 7. \end{cases}$$

求证：$a^4 + b^4 + c^4 = 9$ 和 $a^5 + b^5 + c^5 \neq 11$.

4. 求出下面方程组所有的解.

$$\begin{cases} x^2 + 2y^2 = 2, \\ x^2 + xy + y^2 = 2. \end{cases}$$

5. 若 $\mathrm{LT}(I)$ 是根理想，则 I 是根理想. 它的逆命题是否正确.

6. 若 $J \subseteq I$，则 $V(I) \subseteq V(J)$.

7. 设 I 是由 n 元初等对称多项式生成的理想. 选定一个单项式序，计算 $(\mathrm{LT}(I))$ 的生成元.

8. 利用 Gröbner 基，分别求出 $\sqrt[5]{6} + \sqrt[7]{8}$ 和 $\sqrt[5]{6} - \sqrt[7]{8}$ 在 $Q[x]$ 上的极小多项式.

参 考 文 献

［1］华罗庚. 数论导引［M］. 北京：科学出版社，1957.

［2］聂灵沼，丁石孙. 代数学引论［M］. 2 版. 北京：高等教育出版社，2000.

［3］潘承洞，潘承彪. 简明数论［M］. 北京：北京大学出版社，1998.

［4］丘维生. 近世代数［M］. 北京：北京大学出版社，2015.

［5］万哲先. 代数和编码［M］. 3 版. 北京：高等教育出版社，2007.

［6］万哲先. 代数导引［M］. 2 版. 北京：科学出版社，2010.

［7］徐明曜，赵春来. 抽象代数 I［M］. 北京：北京大学出版社，2008.

［8］COX D，LITTLE J，O'SHEA D. Ideals，Varieties，and Algorithms：An introduction to computational algebraic geometry and commutative algebra［M］. 3rd ed. New York：Springer，2007.

［9］COX D，LITTLE J，O'SHEA D. Using Algebraic Geometry［M］. New York：Springer，2005.

［10］HARDY G H，WRIGHT E M. An Introduction to the Theory of Numbers［M］. 5th ed. New York：Oxford University Press，1979.

［11］JACOBSON N. Basic Algebra［M］. 2nd ed. New York：Dover Publications，2009.

［12］LANG S. Algebra［M］. 3rd ed. New York：Springer，2002.

［13］LIDL R，NIEDERREITER H，COHN P M. Finite Fields［M］. 2nd ed. Cambridge：Cambridge University Press，1997.

［14］VAN DER WAERDEN B L. Modern Algebra［M］. 2nd ed. New York：Frederick Ungar Publishing Co.，1953.

［15］WEIL A. Number theory：An Approach Through History，From Hammurapi to Legendre［M］. 2nd ed. Berlin：Birkhäuser，2007.

［16］ZARISKI O，SAMUEL P. Commutative Algebra［M］. Heidelberg：Spinger，1960.